PLANTES ALIMENTAIRES

ET

PLANTES FOURRAGÈRES

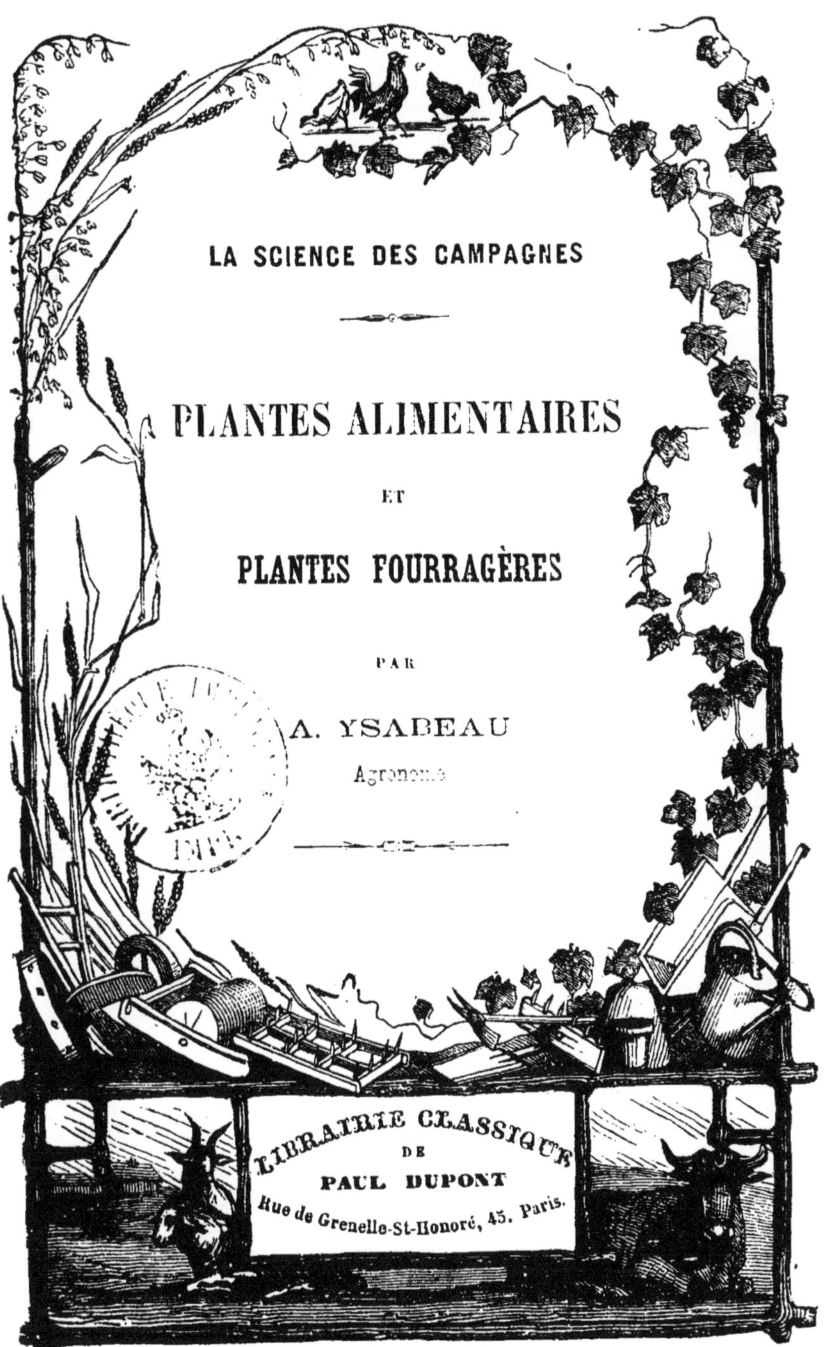

LA SCIENCE DES CAMPAGNES

PLANTES ALIMENTAIRES

ET

PLANTES FOURRAGÈRES

PAR

A. YSABEAU

Agronome

LIBRAIRIE CLASSIQUE
DE
PAUL DUPONT
Rue de Grenelle-St-Honoré, 45. Paris.

1861

Les plantes alimentaires ont été de tout temps le pivot de l'agriculture. Les principes et la pratique de la culture de ces plantes, spécialement des céréales, tiennent la place principale dans ce traité; et c'est justice, car, dès la plus haute antiquité, le pain est l'aliment indispensable des peuples sortis de l'état sauvage, et ce n'est pas sans raison que les Romains faisaient dériver le nom de cet aliment du mot grec παν, qui signifie *tout*, parce que le pain peut *suffire* à l'alimentation complète de l'homme et le maintenir en santé.

Néanmoins l'hygiène a constaté de nos jours combien la variété dans la nourriture est utile à l'homme, à tout âge et dans toutes les situations de la vie.

Cette considération place immédiatement à côté

des céréales les *plantes légumineuses à graines alimentaires*, précieuses surtout pour les approvisionnements maritimes, en raison de leur facile conservation; puis les racines alimentaires, dont quelques-unes, comme la pomme de terre, remplacent en partie le pain chez les populations du nord de l'Europe. Aussi, la culture de ces plantes a-t-elle été décrite avec autant de détails que celle des céréales elle-même.

Mais, pour obtenir des terres de la vieille Europe, fatiguées d'une longue production, les céréales et les autres végétaux cultivés à l'usage de l'homme, il faut donner à ces terres du fumier, et, dans ce but, élever un nombreux bétail, qui ne peut vivre qu'aux dépens des plantes fourragères. Il ne s'ensuit pas que ces plantes doivent avoir le pas sur les céréales; elles doivent seulement aider la terre à produire les céréales en quantité suffisante, sans épuiser sa fécondité.

Pour que ce but puisse être atteint, il faut que les prairies, soit naturelles, soit artificielles, ne soient peuplées que des plantes les plus avantageuses, c'est-à-dire les plus nourrissantes pour les bestiaux, conformément à chaque nature de sol consacré aux cultures fourragères.

Ces plantes, en général peu étudiées et imparfaitement connues de la grande majorité des cultivateurs, ont été figurées avec le plus grand soin, de façon à ce que chacun puisse se familiariser avec leur physionomie, les reconnaître sur le terrain, éliminer les moins bonnes et ne consacrer ses soins qu'aux plus avantageuses. C'est en marchant dans cette voie, déjà ouverte par nos devanciers, que nous pouvons, sans accroissement de frais de culture, augmenter la production des fourrages en quantité comme en qualité, élever plus de bétail, produire plus de fumier, faire baisser à la fois le prix de revient du pain et celui de la viande, faire enfin sortir l'abondance et l'aisance générale de la terre bien cultivée.

Un chapitre à part est consacré aux racines fourragères, non moins utiles aux bestiaux pour l'hivernage que le foin des prairies naturelles et artificielles. Sans dépasser les limites que lui impose le cadre de ce volume, l'auteur s'est efforcé d'y faire entrer toutes les notions qui peuvent en faire le guide du cultivateur pour la production des *plantes alimentaires* et des *plantes fourragères*.

AGRICULTURE PRATIQUE.

VÉGÉTAUX CULTIVÉS.

CHAPITRE PREMIER.

PLANTES ALIMENTAIRES.

CLASSIFICATION.

L'agriculture de tous les pays civilisés a pour but principal la production des végétaux qui servent à la nourriture de l'homme; sans l'impérieuse nécessité de demander à l'agriculture les moyens de soutenir son existence, il est probable que l'homme ne cultiverait pas.

Les plantes alimentaires à l'usage de l'homme appartiennent à quelques familles végétales dont le nombre a peu varié depuis l'antiquité la plus reculée; elles se rangent naturellement dans trois divisions : 1° *les céréales*; 2° *les légumineuses*; 3° *les racines alimentaires*. Cette classification des végétaux cultivés les présente exactement dans l'ordre de leur importance relative, quant à l'alimentation du genre humain. D'autres plantes contribuent aussi à la nourriture de l'homme, mais dans des proportions plus faibles; ces plantes sortent du domaine de l'agriculture pour entrer exclusivement dans celui du jardinage.

CÉRÉALES.

Dès l'origine des sociétés, les céréales ont été l'aliment principal de la race humaine. Le nom de ces plantes est un souvenir de Cérès, divinité du paganisme qui présidait aux moissons. Les céréales appartiennent à la famille des graminées dont le caractère le plus tranché est une tige creuse d'un genre particulier nommée *chaume*, portant de distance en distance des nœuds desquels partent les feuilles. Si l'on range les céréales dans l'ordre de leur importance, on trouve : 1° le *froment;* 2° le *seigle;* 3° l'*orge;* 4° l'*avoine;* 5° le maïs ou *blé de Turquie;* 6° le *millet.* Ce sont les céréales dans le vrai sens du mot; dans l'usage habituel, on comprend aussi parmi les céréales le *sarrasin* ou *blé noir*, à cause des usages de sa graine, quoique cette plante appartienne à la famille des polygonées, fort éloignée de celle des graminées, dont toutes les vraies céréales font partie.

FROMENT.

Pour se former une juste idée de la place occupée dans l'agriculture française par la première des céréales, le froment, il suffit de se rappeler quelques chiffres fournis par la statistique agricole officielle.

En 1821, la France avait 30,461,875 habitants; l'étendue des terres ensemencées en froment était de 4,753,079 hectares.

En 1841, la France avait 34,230,178 habitants; l'étendue des terres ensemencées en froment, était de 5,562,688 hectares.

En 1858, la France avait 36,039,364 habitants, l'étendue des terres ensemencées en froment était de 6,468,236 hectares.

Le rendement du froment en grain par hectare n'a pas cessé de suivre une marche ascendante. En 1821, le produit moyen était de 12 hectolitres 25 litres par hectare; en 1832, il s'élevait à 13 hectolitres 52 litres; en 1857, il atteignait 16 hectolitres 75 litres.

Ainsi, à mesure que la population augmente, une culture intelligente obtient un rendement en grain de plus en plus élevé, et la production du froment croît dans une proportion plus forte que l'accroissement de la population. Cependant, même sans tenir compte des quantités de plus en plus considérables de froment que nous envoie l'Afrique française, la production du froment en France, toute progressive qu'elle est, laisse, année moyenne, un déficit qui ne peut être comblé que par l'importation des blés étrangers. Un peu plus de perfection dans la culture du froment sur le sol de la France élèverait la production de manière à rendre bientôt l'importation des blés étrangers inutile, et à suffire même à une large exportation.

C'est de ce point de vue qu'il faut juger l'importance réelle de la culture du froment, et ses droits incontestables à être, ce qu'elle est en effet, le pivot de l'agriculture française.

ORIGINE DU FROMENT.

On ne rencontre nulle part, ni le froment, ni aucune

autre céréale croissant à l'état sauvage; ces plantes, telles que l'homme les cultive, sont évidemment le produit de la culture elle-même; mais, depuis combien de temps et où doit-on placer leur point de départ? C'est ce qu'il est impossible de dire avec certitude. Il y a quelques années, un agronome du midi de la France, M. Esprit Fabre, fit pour résoudre la première de ces deux questions l'expérience suivante.

Ayant récolté les graines d'une graminée sauvage, l'*œgylops triticoïdes*, celle de toutes qui, par ses caractères botaniques, se rapproche le plus du froment, il sema ces graines dans les conditions ordinaires d'une culture jardinière. Les plantes nées de ces graines différaient déjà sensiblement des plantes sauvages sur lesquelles les graines avaient été récoltées. Le même système suivi avec persévérance finit par donner pour dernier résultat un froment blanc, sans barbes, égal en qualité à la variété méridionale connue sous le nom de *saissette* de Provence. L'expérience était d'autant plus concluante qu'à la fin, M. E. Fabre avait ensemencé *plusieurs hectares* de son froment provenant de la graine de l'*œgylops triticoïdes;* cette transformation s'était accomplie graduellement, dans l'espace de 11 ans. Il reste donc prouvé que, par la culture, l'œgylops triticoïdes peut produire du froment. Cette graminée sauvage est-elle réellement l'origine de tous les froments? C'est une question non encore résolue; l'expérience de M. E. Fabre n'en offre pas moins d'intérêt.

Quant au point de départ des céréales, il est incontestablement en Asie, quoique nul ne puisse assigner une date à l'introduction des céréales d'Asie en Europe. Ce qui le prouve c'est la présence dans tous nos champs de céréales de deux plantes, le bleuet et le coquelicot, compagnons inséparables des céréales en Asie, et qui, en dehors des terres ensemencées en céréales, n'existent nulle part à l'état sauvage en Europe.

VARIÉTÉS DU FROMENT.

On se sert à dessein du mot *variétés*, pour désigner les divers froments cultivés ; il n'y a pas, botaniquement parlant, plusieurs espèces de froment ; il n'y en a qu'une. Le nombre des variétés et sous-variétés provenant de cette espèce unique est pour ainsi dire illimité ; chaque jour il s'en produit ou il peut s'en produire de nouvelles. Deux faits parfaitement authentiques l'un et l'autre rendront cette vérité plus évidente.

On sème avec prédilection dans toute la Grande-Bretagne un très-beau froment connu sous le nom de *blé de la haie*, en voici l'origine :

Un grain de blé, d'une variété quelconque, tomba accidentellement au pied d'une haie ; il s'y trouva dans des conditions de fumure tout à fait exceptionnelles ; il produisit une plante touffue, d'une vigueur peu ordinaire. Le propriétaire du clos fermé par la haie était un cultivateur intelligent, il remarqua cette plante et la fit entourer d'épines afin d'en assurer la conservation. A l'époque de la maturité des épis, il récolta les grains sans en perdre un seul ; c'était un blé de qualité tout à fait supérieure. Ces grains, semés dans les conditions ordinaires d'une bonne culture jardinière, lui donnèrent, en deux générations, assez de blé pour ensemencer plusieurs hectares. Il mit alors dans le commerce, avec grand bénéfice, son nouveau froment, qu'il baptisa du nom de blé de la haie; la supériorité de ce froment, depuis l'année 1790 jusqu'à nos jours, ne s'est pas démentie.

L'autre fait non moins concluant, quoique d'un caractère différent, c'est l'expérience de Tessier sur le blé de Pologne, au commencement de ce siècle. D'un seul épi de blé dur de Pologne, à longues barbes, il obtint sous le climat de la France centrale, par des semis successifs et une culture soignée, des blés de moins en moins durs, de moins en moins barbus, et finalement, un blé blanc tendre, sans barbes, qui n'offrait plus avec le blé dur de Pologne aucun trait de ressemblance. Ainsi, quiconque sème du froment dans des conditions variées de sol, d'exposition et de fumure, peut espérer de faire naître de nouvelles sous-variétés qui peuvent être précieuses à divers titres.

Au point de vue de l'agriculture, les froments rentrent très-naturellement dans deux divisions : 1° Les *blés d'automne* ou blés bisannuels, aussidésignés sous le nom de *blés d'hiver*, parce qu'on les sème en automne, qu'ils passent l'hiver en terre, et recommencent à végéter au printemps de l'année suivante; 2° les *blés de printemps* ou blés annuels qu'on sème au commencement du printemps, et qu'on désigne aussi pour cette raison sous le nom de *blés de mars*.

FROMENTS D'HIVER.

Les froments d'hiver sont les plus cultivés; dans la plupart de nos pays à blé, ils occupent seuls la sole du froment; les blés de printemps y sont à peine connus. On les divise en blés blancs et blés rouges ou roux, à cause de la couleur de leur grain. Il faut observer que la désignation de blés d'hiver est purement relative et n'a rien d'absolu; les blés d'hiver d'Italie et du midi de la France sont, pour la plupart des blés de printemps, dans nos départements au nord de la Loire; il y a cependant des blés d'hiver qui, semés au printemps, ne remontent pas, et ne peuvent être traités comme blés de mars; ce sont, sous le climat moyen de la France, les seuls vrais blés d'hiver. Cette réserve posée, en faveur de la réalité des faits, on considère comme blés d'hiver tous ceux qui, dans la pratique agricole, ne sont jamais ou presque jamais semés au printemps.

Les *froments communs blancs*, sans barbes ou à barbes très-courtes, ont la paille généralement forte et vide à l'intérieur. Les variétés les plus estimées de cette série sont, dans l'ordre de leur valeur relative : 1° le *blé blanc de Bergues;* 2° le *blé de Hongrie;* 3° la *touselle de Provence;* 4° la *richelle de Naples.*

Le premier de ces blés est, par excellence, le blé des terres riches et profondes argilo-calcaires; on le désigne aussi sous les noms de blé *blanzé* ou *blazé*, et de *blé des Flandres*, sa farine est de toute première qualité. Le blé de Hongrie lui est peu inférieur; l'un et l'autre sont rustiques et n'ont rien à redouter des plus rudes hivers du climat du nord de la France. La touselle de Provence et la richelle de Naples rivalisent avec le blé de Bergues quant à la beauté du grain et à la qualité de la farine; mais ces blés ne peuvent être cultivés que dans les départements au sud de la vallée de la Loire; au nord de cette vallée, quoiqu'ils résistent assez bien aux hivers ordinaires, ils gèlent assez souvent pour qu'il y ait imprudence à les adopter dans la grande culture. D'innombrables sous-variétés, qu'on pourrait appeler variétés locales, sont nées de ces quatre blés blancs; chaque canton a pour ainsi dire la sienne, d'autant plus parfaite qu'elle se rapproche davantage des propriétés de l'un des quatre blés blancs sans barbes dont elle est issue.

Les *froments communs rouges*, ou mieux roux, sans barbes, sont très-peu inférieurs aux blés blancs sans barbes. Les meilleurs de cette série sont, parmi les blés français : le *blé de Saumur* et le *blé de Saint-Laud*; et parmi les blés anglais, le *blé de la haie* ou de *tunstall*, le *Mary gold-red* ou rouge d'Ecosse, le *spalding* et le *rouge d'Oxford* ou *Oxford-red*. Ces blés sont tous à paille creuse, comme les blés blancs sans barbes; ils ont, quant à la culture, l'avantage d'une grande rusticité; on peut les semer avec les mêmes chances de succès dans nos départements du Nord, comme dans ceux du Midi. Comme les blés blancs sans barbes, les blés rouges ont produit d'innombrables variétés. En dehors de ces deux séries, on doit signaler, comme étant depuis quelques années en grande faveur, le *blé-géant*, dont le chaume dépasse souvent 2 m. 50 de haut, et le *blé bleu de Noë*, l'un et l'autre de belle qualité, très-productifs, et aussi rustiques que les blés blancs ou rouges sans barbes.

Les *blés barbus d'hiver* conviennent mieux au climat du Midi qu'à celui du Nord; les plus estimés de cette série sont : 1° le *blé poulard blanc*, à très-longues barbes, à très-gros grain arrondi, tendre, très-productif dans le Midi; 2° le *poulard bleu*, de même qualité que le précédent, mais d'origine anglaise, par conséquent beaucoup plus rustique; 3° la *pétanielle noire*, plus cultivée en Italie qu'en France, très-sensible au froid; 4° la *richelle barbue*, du même tempérament que le précédent, à grain moins renflé, mais de qualité supérieure; 5° le *blé de Smyrne* ou *blé de miracle*, à épi ramifié; 6° le *blé de Pologne*, dont on a voulu bien à tort, faire une espèce distincte; 7° le *blé de Taganrock*, peu différent du précédent. Ces deux derniers sont très-rustiques; mais ils réussissent rarement bien en France, probablement plus en raison du sol qu'à cause du climat.

Parmi les blés barbus, on doit ranger en un groupe séparé les *épeautres*, toutes remarquables par l'adhérence de la balle au grain, qui leur donne un aspect plus analogue à celui de l'orge qu'à celui du blé, quoique les épeautres soient de véritables froments. Les variétés d'épeautres les plus cultivées sont : 1° l'*épeautre blanche barbue* ou *grande épeautre*; 2° la *petite épeautre* ou *engrain*; 3° l'*épeautre d'Espagne* ou *engrain double*. Ces trois variétés sont, à la rigueur, d'hiver et de printemps; mais elles réussissent mieux comme blé d'hiver. On sème aussi comme blé d'hiver en Belgique et dans le nord de la France une bonne variété d'*épeautre à grains blancs sans barbes*, sous-variété de la grande épeautre barbue.

Tous les froments désignés ci-dessus sont ou exclusivement ou principalement des blés d'hiver. Les épeautres se recommandent par une propriété toute spéciale, celle de prospérer dans de très-pauvres terrains, où nulle autre variété de froment ne pourrait croître; c'est grâce aux épeautres qu'on mange du pain blanc (car la farine des épeautres vaut celle des autres froments), là où, sans les épeautres, on aurait à peine du pain noir; c'est le mérite particulier des épeautres au point de vue agricole.

FROMENTS DE PRINTEMPS.

On possède une riche collection de froments de printemps, dont quelques-uns sont aussi blés d'hiver, mais seulement pour nos départements méridionaux. Tous les blés de printemps ont pour caractère commun une paille courte, pleine de moelle, et, sauf un très-petit nombre d'exceptions, un épi barbu. Le grain des blés de printemps ou blés de mars est un peu plus petit que celui des blés d'hiver; le rendement en grain de ces blés est aussi un peu plus faible, mais la farine de ce grain est d'excellente qualité. Le rôle des blés de printemps, dans l'agriculture française, c'est de remplacer les blés d'hiver, quand ceux-ci ont été trop endommagés par un hiver d'une rigueur exceptionnelle. Quand on a donné à un bon sol le nombre de façons que réclame la culture d'un blé d'hiver et que ce blé vient à périr, si l'on sème pour le remplacer un bon blé de printemps, la différence de produit est peu sensible et l'assolement n'a pas besoin d'être dérangé. C'est malheureusement ce qui n'est pas toujours possible. La culture des meilleurs blés de printemps est si peu répandue qu'au moment du besoin on ne sait, le plus souvent, où s'en procurer. On sème alors à la place du blé d'hiver détruit une orge ou une avoine qui ne réussit pas toujours, et qui, même en cas de succès, ne fournit pas la quantité de paille nécessaire pour préparer la fumure de l'année suivante, ce qui apporte inévitablement du dérangement dans toute la marche de l'exploitation. Il est donc prudent de consacrer tous les ans, dans chaque grande ferme des pays à blé, quelques hectares à la culture des bonnes variétés de blé de printemps, afin de ne pas manquer de grain de semence de cette qualité, dans le cas où une partie des blés d'hiver devrait être remplacée par un blé de printemps, ce qu'il n'est possible ni de prévoir, ni d'empêcher.

Selon M. Vilmorain, l'un des agronomes de notre temps, qui ont le mieux étudié les céréales et surtout les froments, on peut regarder comme les meilleurs blés de printemps les variétés comprises dans la liste suivante :

Blé amidonnier roux.
— — blanc.
— carré de Sicile.
— de Crète.
— de Marianopoli.
— de Mars barbu commun.
— de Mars barbu rouge.
— de Mars sans barbes.
Blé de Toscane.
— Victoria.
— du Cap.
— Épeautre blanche barbue.
— Hérisson.
— Pictet.
— Triménice de Sicile.

On doit se défier des blés de mars, fréquemment mis en avant sous les noms de *blés de cent-jours* et de *blés de mai*. La grande précocité attribuée aux premiers se réalise rarement dans la pratique, et, quant aux blés de mai, il est possible qu'un blé de printemps, semé en mai, donne quelquefois d'assez bons produits, mais par exception; le plus souvent les blés de printemps, semés seulement un peu tard en avril, ne réussissent qu'à moitié ; il faut les semer tous sans exception au plus tard en mars, mieux au commencement qu'à la fin de ce mois, et si l'état de la saison le permet, dans la dernière semaine de février; c'est seulement quand on les sème de très-bonne heure que les blés de printemps donnent une pleine récolte.

CHOIX ET PRÉPARATION DU GRAIN DE SEMENCE.

Il n'est pas de fermier qui ne sache à quel point il importe de ne confier à la terre que la graine la plus parfaite possible de chaque espèce de plante cultivée; il n'en est pour ainsi dire pas un, en France du moins, qui se mette sérieusement en peine de faire tout ce qui dépend de lui pour avoir le blé de semence le meilleur possible; cependant, une vérité que personne ne conteste, c'est qu'à frais égaux, à culture égale, en semant un bon blé, on récolte deux fois plus qu'en semant un blé défectueux.

Il faut d'abord bien choisir le grain, et pour cela se former une idée bien arrêtée des qualités qu'il doit réunir. En premier lieu, regardez attentivement autour de vous, spécialement dans les champs de ceux de vos voisins que vous savez être éclairés, dévoués à la pratique de l'agriculture et amis du progrès. Si quelqu'un d'entre eux a introduit dans ses cultures une variété de froment nouvelle pour vous, voyez comment cette variété se comporte en terre, quels soins elle réclame, et quel en est le rendement; vous pouvez alors la rejeter ou l'adopter en parfaite connaissance de cause. Votre choix fixé, si vous ne semez pas du blé provenant de vos propres récoltes, sachez très-positivement l'âge du blé que vous achèterez. Il est toujours plus avantageux de semer du blé de la récolte précédente que de semer du blé de plusieurs années. Il y a des variétés de froment qui *peuvent* lever après quatre ou cinq ans, d'autres après six à sept ans; quelques-unes lèvent encore en partie après neuf ans de conservation : ce sont des exceptions. Dès la troisième année, *la moitié* des grains ne lève pas : voilà la vérité. On cite des fermiers qui ne sèment que de vieux blé, et qui s'en trouvent bien; ce sont des semeurs qui ont, comme on dit, la main lourde, et qui sèment deux fois trop serré. En employant de vieux blé pour leurs semailles, comme la moitié des grains ne lève pas, ils se trouvent avoir semé clair sans le vouloir, et leur froment est dans de bonnes conditions; mais ils ont dépensé en pure perte deux fois plus de blé de semence qu'il n'en fallait.

N'achetez jamais pour vos semailles du blé provenant d'un sol plus fertile que celui que vous cultivez, et faites vos achats de grain de semence au nord plutôt qu'au midi de votre localité. Surtout, si vous cultivez une terre légère, plutôt terre à seigle que terre à froment, et que, grâce à une bonne fumure, vous puissiez y obtenir par intervalles une récolte de blé, ne manquez jamais, votre blé fût-il de belle apparence, de le livrer en totalité au moulin, et de vous en procurer d'autre pour vos semailles.

Voici à ce sujet un fait que j'ai vérifié vingt fois en Belgique, pays le mieux cultivé de l'Europe. Il y a dans la province de Liége, sur la rive droite de la Meuse, une contrée au sol léger, siliceux, médiocrement fertile, qu'on nomme *la Condroz*; c'est le pays des anciens Condrusiens dont il a gardé le nom. Le seigle est dans la Condroz la céréale la plus cultivée; on y sème néanmoins du blé tous les quatre ou tous les six ans; on tire le grain pour les semailles de *la Hesbaye*, contrée de la même province au sol argilo-calcaire, d'une fertilité comparable à celle de nos plaines de la Beauce et de la Brie. Si, l'année suivante, quelqu'un s'avise de semer le blé récolté en Condroz, la récolte ne vaut pas la peine d'être moissonnée; cependant on obtient d'un bon froment de Hesbaye semé en Condroz un très-beau blé, à raison de 16 à 18 hectolitres par hectare. Si les fermiers de la Condroz renonçaient à faire venir le grain pour leurs semailles d'un bon pays à blé, ils devraient renoncer d'une manière absolue à l'espoir de récolter du froment.

Le blé pour les semailles étant bien choisi, il s'agit de le cribler pour en séparer non-seulement les graines de toute espèce de mauvaise herbe, qu'il serait absurde de semer en même temps que le bon grain, mais encore tous les grains de blé défectueux qui ne lèveraient pas, ou qui, s'ils levaient, ne pourraient donner naissance qu'à des plantes faibles, délicates, d'un produit à peu près nul. On ne peut trop recommander, pour atteindre complétement ce but, l'emploi d'un bon crible, tel que le crible belge et le crible Pernollet, ou d'un bon trieur mécanique, tel que le trieur Vachon, ou le tarare-trieur de Vilcocq. Tous ces instruments reposent sur le même principe; ils font passer successivement le blé dans les diverses parties d'un crible à cylindre conique dont les trous, de grandeurs différentes, isolent la graine de mauvaise herbe, séparent les grains cassés ou défectueux, et livrent le froment pour les semailles aussi pur qu'il peut l'être. Ce triage minutieux est surtout indispensable quand les semailles doivent être faites au semoir.

Il est possible et éminemment utile de prendre la question de plus haut et de cultiver, dans le but d'en employer les produits pour les semailles, les qualités de froment dont l'exploitation a besoin. La méthode suivie à cet effet, par le colonel Lecouteux, de l'île de Jersey, est une des plus faciles à pratiquer. A l'époque de la maturité des céréales on fait choix, en longeant la limite d'un champ de blé, d'une poignée des plus beaux épis les plus complétement mûrs. Avec une paire de ciseaux on retranche de chaque épi la partie supérieure et celle du bas dont les grains ne sont jamais aussi beaux que les autres, et l'on épluche les grains du milieu des épis, en éliminant par un choix sévère tous ceux qui ne semblent pas réunir au plus haut degré les qualités propres à leur variété. Lorsqu'on a recueilli, par ce procédé, le quart d'un litre de froment, on le sème à l'époque ordinaire, soit au printemps, soit en automne, en lignes espacées entre elles de 20 centimètres; les grains sont déposés dans les lignes à 20 centimètres, deux grains ensemble et soigneusement recouverts de 3 à 4 centimètres de terre finement pulvérisée. Ce premier semis qui exige peu d'espace, peut être fait dans un carré de jardin bien labouré à la bêche, et fumé pour une précédente récolte de légumes, le froment ne devant pas être semé directement sur la fumure.

Le froment ainsi cultivé, biné et sarclé au besoin, donne des épis aussi beaux que leur variété le comporte ; on crible soigneusement le grain de ces épis, et on l'emploie pour ensemencer 40 ou 50 ares de terre à blé, non plus dans un jardin, mais dans les conditions ordinaires d'une bonne culture. On récolte ainsi plusieurs hectolitres de blé de seconde génération, bien supérieur pour les semailles à tout autre de même variété qui n'aurait pas été obtenu par la même méthode. Comme il n'est pas difficile de soumettre à une culture jardinière tous les ans un quart de litre de grain trié, celui qui se fait une loi de répéter cette culture chaque année a toujours de quoi ensemencer un demi-hectare en grain de premier choix; il peut compter, en réservant ce blé pour ses semailles, sur des produits d'une grande supériorité, soit en quantité, soit en qualité. Chacun peut proportionner l'étendue de ses semis, selon cette méthode, à l'importance de sa culture, et s'il lui reste du blé de semence de premier choix au delà des besoins de son exploitation, la vente à un prix avantageux en est assurée d'avance à l'époque des semailles.

CHAULAGE DU FROMENT.

Deux des maladies les plus fréquentes du froment, *la carie* et le *charbon*, peuvent se propager par des germes qui adhèrent à la surface des grains employés pour les semailles. On détruit ces germes, et l'on peut préserver sinon totalement, au moins en grande partie les froments de ces deux causes de destruction, par les procédés connus sous le nom de *chaulage des blés*. Le plus suivi de ces procédés est celui de Mathieu de Dombasle; en voici la recette :

Délayez 10 kilogrammes de chaux en poudre récemment éteinte dans assez d'eau pour en faire un lait de chaux un peu épais; ajoutez-y 1 kilogramme de sulfate de soude (sel de Glauber). Versez le mélange dans un baquet, et plongez-y par petites portions le blé destiné aux semailles en vous servant à cet effet d'un panier d'osier brun, à anse, qu'on retire immédiatement du lait de chaux. Versez le contenu du panier sur le plancher, et remuez à la pelle le blé chaulé, jusqu'à ce qu'il soit suffisamment *ressuyé*, pour pouvoir être semé facilement. Ce chaulage ne doit être pratiqué qu'au moment des semailles, afin que le blé puisse être semé sans retard, à mesure qu'il est chaulé.

Dans nos départements de l'Ouest, on pratique de préférence le procédé suivant. On fait dissoudre 1 kilogramme de sulfate de soude dans six litres d'eau chaude. Tandis que la dissolution est encore tiède, on la répand par aspersion sur le blé de semence, pendant qu'un ouvrier l'agite vivement à la pelle. Dès que le grain paraît suffisamment humecté, on répand par-dessus ; en continuant à le remuer à la pelle, un mélange de chaux récemment éteinte et de cendres de bois tamisées par parties égales. On sème le grain ainsi chaulé, dès que la poudre de chaux et de cendres en a suffisamment séché la surface pour qu'il glisse aisément entre les doigts du semeur.

Dans quelques cantons où le charbon et la carie exercent de grands ravages, on opère un autre genre de chaulage qui passe pour plus efficace, en substituant dans la recette précédente au sulfate de soude le sulfate de cuivre (vitriol bleu du commerce). Ce dernier sel est un dangereux poison; son emploi, pour éviter de graves et déplorables accidents, exige des précautions qu'il n'est pas toujours possible d'obtenir, même dans leur intérêt le plus évident, des ouvriers employés aux travaux de la campagne. On pense que, par ce motif, on peut s'en tenir aux deux recettes données plus haut, pour le chaulage des blés destinés aux semailles; l'expérience a confirmé, de longue main dans la pratique leur efficacité.

CULTURE.

PRÉPARATION DU SOL.

La terre qui doit porter une récolte de blé d'hiver a besoin de deux labours très-soignés; selon sa nature plus ou moins compacte, il lui en faut encore un, moins profond que les autres au moment des semailles, suivi de deux hersages, l'un en long, l'autre en travers, après quoi on passe le rouleau.

Le plus grand nombre des cultivateurs sème le froment d'hiver sur deux labours seulement, suivis d'un seul hersage; les façons préparatoires qu'on vient d'indiquer sont indispensables lorsque les semailles doivent être faites en lignes, au semoir. Mais, même lorsqu'on sème le froment à la volée, trois labours et un hersage ne sont pas de trop. Il faut apporter le plus grand soin à bien choisir le moment le plus favorable pour chaque labour, surtout dans les cantons où la terre est exposée à souffrir de longues sécheresses, qui, lorsqu'on a laissé les terres fortes se prendre en masse, rendent pour longtemps impossibles les travaux du laboureur.

SEMAILLES DU FROMENT.

On connaît le proverbe répandu dans toute la France: « *Blé bien semé est à demi récolté* ». On ne considère comme bien semé que le blé semé non-seulement le plus également et avec le plus de soin possible, mais encore, dans la terre le mieux préparée pour recevoir les semailles. Si la terre est forte, il faut que sa surface, parfaitemen ameublie, ne présente nulle part de grosses mottes, dont la présence rend impossible le travail du semoir, et dérange toute la régularité des semailles répandues à la main à la volée, par le semeur le plus exercé. Ce point est surtout important pour que le passage de la herse puisse recouvrir tous les grains à la même profondeur, ou tout au moins pour qu'ils ne se trouvent pas enterrés à des profondeurs trop inégales. Dans les terres légères, sujettes à se soulever en hiver par les alternatives de gelées et de dégels, il est indispensable de herser avec de lourdes herses à dents de fer, non pour diviser la terre qui doit être d'avance suffisamment ameublie à sa surface, mais pour que tout le grain de semence soit complétement recouvert. On passe ensuite le rouleau pesant pour raffermir la terre ensemencée, ce qui termine l'opération des semailles.

Ici se présentent deux questions vivement controversées et d'un vif intérêt en matière de semailles : faut-il semer clair ou serré? faut-il semer tard ou de bonne heure ?

Il n'y a pas de solutions générale pour ces deux questions, par la raison que la végétation du froment ne suit pas une marche uniforme dans toutes les terres, et que les variétés de froment n'ont pas toutes le même tempérament. Dans une terre à blé de bonne nature, bien assainie par le drainage, il vaut mieux semer un peu clair que trop serré, surtout si l'on sait d'avance que le blé qu'on sème doit beaucoup taller, ce qui dépend en partie du tempérament du blé semé, en partie de la richesse du sol en humus. Quand la terre n'est pas drainée, sous un climat froid et humide, où les blés en terre auront toujours plus ou moins de peine à traverser la mauvaise saison, on fait la *part de l'hiver*, en semant un peu plus serré.

La question des semailles précoces ou tardives est plus facile à résoudre dans un sens général que la précédente. Chaque variété de froment, d'après son tempérament particulier, lève avec plus ou moins de rapidité; celles qui lèvent le plus vite, et qui peuvent germer sous l'influence d'une température peu élevée, se prêtent mieux que les autres aux semailles tardives; les variétés à germination plus lente, et qui ne peuvent lever que sous une température douce, doivent nécessairement être semées de bonne heure. Les semailles hâtives sont en général les plus avantageuses pour la majorité des froments; on se repent souvent d'avoir semé trop tard, et rarement d'avoir semé trop tôt.

SOINS DE CULTURE.

Pendant l'hiver, les blés en terre doivent être inspectés après chaque dégel. Si la terre n'est pas drainée, on se hâte de nettoyer les rigoles d'égouttement à ciel ouvert, partout où elles peuvent être obstruées par l'éboulement de leurs bords. Au printemps, quand les blés ont souffert de l'hivernage, assez pour avoir besoin d'être aidés, mais pas assez pour qu'on doive les regarder comme perdus et les sacrifier, c'est le cas de leur donner un supplément d'engrais pulvérulent, guano, poudrette ou noir de raffinerie, en proportionnant la dose à l'état de la céréale, et aux ressources que la fumure en terre peut lui offrir pour se rétablir. Cette manière de fumer les blés souffrants au printemps est très-usitée des cultivateurs anglais, qui la nomment *top-dressing*. On choisit pour cette fumure une soirée ou une matinée très-calme, par un temps couvert. Dès que le temps le permet, on distribue à la main l'engrais pulvérulent aussi également que possible sur toute la surface des champs de froment, sans enterrer autrement cet engrais.

HERSAGE ET ROULAGE.

Au moment où se manifeste le premier mouvement de la reprise de la végétation, lorsque survient cette période de sécheresse qui porte en France le nom de *hâle de mars*, on donne aux froments d'hiver un hersage énergique. Le proverbe dit, dans nos pays à blé, que celui qui herse au printemps un blé d'hiver *ne doit pas regarder derrière lui*. S'il y regardait, il serait effrayé de la quantité de plantes plus ou moins faibles que la herse entraîne, et des vides qui en résultent. Mais le tallage provenant de la plus grande vigueur communiquée par le hersage aux plantes qui lui résistent, a bientôt comblé ces vides. Si le froment a reçu un supplément de fumure en *top-dressing* le hersage mêle l'engrais à la terre de la surface, et le rend ainsi plus profitable à la céréale; on passe ensuite le rouleau et le froment a reçu sa première culture de printemps.

BINAGES ET SARCLAGES.

Dans la grande culture, il est à peu près impossible de sarcler et de biner le froment, soit parce que les bras manquent, soit en raison des frais excessifs de l'opération, quand les blés ont été semés à la main, à la volée. Mais, s'ils ont été semés en lignes au semoir, le binage et le sarclage à la houe à cheval, avant la formation de l'épi dans la plante, sont donnés d'un seul trait à peu de frais et avec une grande rapidité. Quand la végétation suit son cours normal, on a encore le temps de repasser une seconde fois entre les lignes de froment, après un intervalle de 15 jours ; puis il n'y a plus à s'occuper des blés jusqu'à la moisson. Un froment semé en lignes au semoir, qui a reçu au printemps 200 kilogrammes de guano par hectare en top-dressing, un hersage, un roulage, et successivement deux façons entre les lignes avec la houe à cheval, produit le double d'un froment de la même variété, semé dans la même terre, mais qui n'a pas reçu les mêmes soins de culture.

VERSE DES FROMENTS.

La verse, c'est-à-dire le couchage des blés par les violentes pluies d'orage, et par les ouragans mêlés de pluie qui accompagnent si souvent les orages aux approches de la moisson, est une des causes qui réduisent le plus fréquemment dans des proportions désastreuses le rendement en grain du froment. Les blés sont d'autant plus disposés à verser qu'ils portent des épis plus lourds, et que leur tige est plus lente à se consolider. La température étant la même, les blés versent beaucoup moins souvent dans les terres assainies par le drainage, par cela seul que la végétation du froment y recommence de bonne heure, et que, quand survient la saison des orages, le froment est mieux en état de leur résister. On réduit sensiblement les chances de verse des froments, quand on adopte le principe de ne jamais semer cette céréale directement sur la fumure. On donne toute la fumure, aussi copieuse que le permettent les ressources de l'exploitation, à une récolte sarclée, appropriée à la nature du sol. On sème l'année suivante le blé sans fumier, sauf à lui donner un peu d'engrais pulvérulent en top-dressing au printemps, s'il semble plus ou moins languissant après l'hivernage; dans ces conditions, le froment est moitié moins exposé à verser que s'il avait été semé immédiatement sur la fumure enterrée; c'est à peu près tout ce qu'on peut faire, non pour empêcher les blés de verser d'une manière absolue, mais pour rendre la verse des froments le moins désastreuse possible.

RÉCOLTE.

MOISSON DU FROMENT.

Les agronomes les plus éminents de nos jours ont été longtemps divisés d'opinion sur la question de savoir s'il faut moissonner le froment complétement mûr, ou s'il est plus avantageux de le couper un peu avant sa parfaite maturité; c'est ce dernier procédé qui a prévalu. Il résulte d'expériences faites avec tout le soin nécessaire pour les rendre concluantes, que le froment moissonné encore un peu vert donne une farine égale ou supérieure, pour la quantité comme pour la qualité, à celle du froment récolté tout à fait mûr, et qu'en devançant de quelques jours la maturité du grain pour moissonner, on évite les pertes souvent très-considérables qui peuvent résulter de l'égrenage des blés récoltés trop mûrs. Quand le fermier se propose de réserver pour ses semailles du blé de sa propre récolte, il laisse devenir aussi mûr que possible le froment d'un champ d'une étendue proportionnée à l'importance de son exploitation, et il moissonne tout le reste un peu avant l'entière maturité du grain.

Dans le froment abattu de bonne heure, la végétation ne s'arrête pas instantanément, la paille, en partie verte, envoi à l'épi un reste de séve avant de se dessécher; si l'on égrène quelques épis au moment où l'on vient de couper les blés, et qu'on en égrène quelques autres après que le blé est resté plusieurs jours en javelles, on observe entre les deux grains une très-notable différence; le grain s'est très-sensiblement amélioré depuis le moment où le blé a été coupé. Ce dernier travail de la végétation du froment s'accomplit mieux et plus également quand la moisson a été faite selon la méthode rationnelle en usage en Belgique de temps immémorial, et qu'on désigne sous le nom de *moisson à la sape.*

DIVERS PROCÉDÉS POUR MOISSONNER.

La méthode primitive de moissonner à la faucille est encore seule en usage pour *scier* les blés, selon l'expression reçue, dans un grand nombre de départements. La faucille partout où elle est usitée, ne diffère en rien de celle qui accompagne les statues antiques de Cérès; c'est un outil qui n'a pas été modifié depuis trente siècles. Il est inutile d'insister sur les inconvénients de la moisson à la faucille. Elle fait perdre un temps précieux, par la lenteur de l'opération ; elle impose aux moissonneurs un surcroit de fatigue inutile, en les obligeant à travailler courbés ; elle laisse sur pied une partie de la paille que le moissonneur à la faucille ne peut jamais prendre assez près de terre ; enfin, quand les blés ont été versés, ce qui n'arrive que trop souvent, la moisson du froment à la faucille ne peut se faire qu'avec des frais énormes de main-d'œuvre, et des lenteurs interminables.

Le fauchage des blés est préférable au faucillage ; mais, c'est un si rude travail que le plus robuste faucheur ne peut y résister plusieurs jours de suite ; en outre, la faux imprime au froment une telle secousse qu'il s'égrène en partie, pour peu qu'il soit trop mûr. Ni la faux, ni la faucille ne sont comparables pour la moisson du froment à la *sape ;* le *piqueteur* belge range de côté les épis abattus, à mesure qu'il les coupe, sans être obligé de se courber, en frappant dessus presqu'au niveau du sol avec sa sape, ou petite faux à manche court ; il coupe les blés versés avec autant de facilité et de promptitude que les blés droits. La méthode de moissonner à la sape gagne du terrain tous les ans, et l'on peut prévoir le moment où l'on ne moissonnera plus autrement en France dans tous les pays de grande culture du froment.

CONSERVATION DES BLÉS EN GERBES.

Les soins de conservation du froment commencent au moment même où il est moissonné ; depuis ce moment jusqu'à celui du battage, on peut en perdre une grande partie si l'on ne veille à sa conservation dans les épis. Sous le climat inconstant du centre de la France, les pluies d'été contrarient fréquemment la moisson ; il n'est pas rare qu'une portion du grain germe dans l'épi, quand les gerbes mouillées par la pluie restent entassées sur le sol pendant plusieurs jours, sans pouvoir arriver à une complète dessiccation. Les cultivateurs belges, ayant à lutter contre les difficultés qu'oppose à la conservation des froments en gerbe un climat encore plus humide que le nôtre, emploient de toute antiquité un procédé qui, comme la moisson à la sape, prend pied en France, où il tend à se généraliser. Quand les blés abattus sont exposés à être détériorés par la pluie, ils dressent trois gerbes debout, dans une position légèrement inclinée, afin qu'elles s'appuient solidement l'une contre l'autre. Une quatrième gerbe est à demi déliée, ouverte comme un large chapeau, et posée sur les trois autres les épis en bas. C'est ce qu'on nomme mettre les blés en *moyettes*. Plusieurs jours de pluie continue, lorsque les gerbes sont ainsi disposées, n'endommagent pas les blés sensiblement, et une heure de beau temps suffit pour les sécher, grâce aux courants d'air qui s'établissent entre les gerbes dans l'intérieur des moyettes.

Le froment en gerbes, récolté dans les meilleures conditions, est toujours exposé à des chances nombreuses de détérioration dans les granges ou les meules où il doit être conservé en attendant le battage. De nos jours, on rentre peu de gerbes en granges, où les rats et les souris y causent des dégâts qu'il est impossible d'empêcher, et où l'alucite ainsi que la teigne des blés multiplient sans obstacle aux dépens de la récolte. Quand le froment est rentré en grange il subit, même lorsqu'il a été récolté très-sec, un mouvement de fermentation par suite duquel il s'en dégage des vapeurs auxquelles il faut donner issue. A cet effet, un ou deux jours après la rentrée des gerbes dans la grange, on enlève, par un beau temps, quelques tuiles de la toiture de distance en distance, on ouvre en même temps la porte à deux battants, et on établit ainsi un fort courant d'air qui achève en quelques heures la complète dessiccation des gerbes de froment en grange.

Quand les meules sont bien construites, surtout quand on ne recule pas devant la dépense nécessaire pour les établir sur une plate-forme qui les isole complétement, le blé en gerbes s'y conserve mieux que dans les granges; les rats et les souris ont moins de facilité pour s'y établir, et l'échauffement, qui altère si souvent la qualité des blés dans les granges, n'est jamais à craindre dans les meules. Mais, quelque soin qu'on puisse en prendre, soit en grange, soit en meules, le froment en gerbes n'est jamais en parfaite sûreté, sa conservation n'est facile et assurée que quand le grain est battu et serré dans le grenier.

BATTAGE.

Dans les pays de petite culture du froment, les blés sont battus au fléau dans la quinzaine qui suit la moisson; tout le monde s'y met, les femmes comme les hommes; la besogne du battage est enlevée vivement, et l'on ne conserve en meules que des pailles battues.

Dans le Midi, partout où la récolte du froment est assez importante, on a recours au *dépiquage* pour séparer le grain de la paille. Cette méthode consiste à faire marcher circulairement des bœufs, des mulets ou des chevaux, sur les gerbes disposées en rond, les épis en dedans, autour d'une plate-forme pavée en briques sur champ. C'est, sans aucune modification, le procédé décrit dans la sainte Écriture il y a quarante siècles. Dans les grandes fermes du Midi où il y a beaucoup de froment à dépiquer, on expédie plus vite cette besogne en faisant promener en rond, sur les gerbes disposées comme pour le dépiquage ordinaire, des rouleaux coniques de pierre dure, traînés par des animaux d'attelage. Ces procédés primitifs ne sont praticables que sous le climat du Midi, où l'on peut compter sur la durée du beau temps à l'époque de la moisson.

Le battage des grains, dans nos pays de grande culture du froment, ne peut, en raison du climat, être opéré par le dépiquage; les quantités de gerbes à battre rendent l'emploi du fléau très-lent et sujet à une foule d'inconvénients graves qu'il est utile de faire pleinement ressortir. En premier lieu, si bien exécuté qu'il soit, le battage au fléau laisse toujours une partie du froment dans l'épi. Quand la récolte du froment en France est ordinaire, sa valeur est d'environ *deux milliards et demi*; quand la récolte est abondante, cette valeur approche de *trois milliards*. Si le battage au fléau laisse dans l'épi seulement un grain sur trente, et c'est une moyenne au-dessous de la réalité, c'est une perte sèche et sans compensation de 83 à 100 millions subie par l'agriculture française; en temps de cherté et de rareté des grains, c'est énorme. En second lieu, si, comme il arrive trop souvent, le fermier ne peut, à un moment donné, disposer d'un nombre suffisant d'ouvriers pour le battage au fléau, il manque le moment favorable pour se défaire de ses blés aux prix les plus avantageux; enfin, et cette considération n'est pas la moins importante, celui qui fait battre tous ses blés au fléau dans le courant de l'hiver ne sait pas, jusqu'à ce que le battage soit terminé, ce qu'il possède réellement en froment; il est exposé aux plus cruelles déceptions quand le rendement des gerbes au battage ne répond pas à ses espérances.

Tous ces inconvénients du battage au fléau disparaissent quand on se sert d'une machine à battre. L'agriculture en possède aujourd'hui de nombreux modèles, dont les plus parfaits ne laissent aucun grain dans l'épi et opèrent avec tant de promptitude que, moins d'un mois après la moisson, le fermier peut avoir dans son grenier tous ses grains battus, veiller à leur conservation avec le moins possible de chances de détérioration, et vendre son blé quand il en trouve un bon prix, sans dépendre de personne pour disposer en temps opportun du fruit de son travail. On ne peut objecter à l'emploi général des machines à battre que leur prix, malheureusement très-élevé. Toutefois, il y a des machines à battre depuis 250 francs. Dans l'Est il n'y a pas une ferme qui n'ait la sienne et, déjà, dans les pays de grande culture du froment, plusieurs fermiers se réunissent pour acheter une batteuse mécanique à frais communs et s'en servir à tour de rôle; dans les pays de petite et moyenne culture, le possesseur d'une bonne machine à battre, accompagnée de la machine à vapeur locomobile qui la fait fonctionner, va de métairie en métairie battre les blés aussitôt après la moisson, moyennant un prix déterminé par hectolitre; ces deux moyens combinés mettent le battage mécanique du froment à la portée de toutes les exploitations. Cette méthode est très-suivie dans la Beauce et la Brie.

RENDEMENT DU FROMENT EN GRAIN PAR HECTARE.

On a vu plus haut que la moyenne du rendement en

grain du froment par hectare suit une marche ascendante à mesure que l'agriculture française fait de nouveaux pas dans la voie du progrès (page 3). La moyenne dans la composition de laquelle entrent le rendement des terres à blé les plus médiocres et celui des plus fertiles, représente avec assez de précision le produit annuel en froment des terres à blé de seconde qualité. Vers la limite inférieure, quand une terre ne rend pas 9 à 10 hectolitres par hectare, ce n'est pas la peine d'y semer du blé; vers la limite supérieure, les meilleures terres argilo-calcaires, très-riches et très-profondes, peuvent donner 30 à 35 hectolitres par hectare : il y a des exemples de rendement de 37 à 40 hectolitres dans les plus riches terres du département du Nord, après un défoncement à 35 centimètres et une fumure à raison de 80 mètres cubes de fumier à l'hectare; ce maximum, rarement atteint, ne paraît pas pouvoir être dépassé.

SEIGLE.

Quoique le seigle n'offre, quant aux propriétés de son grain, que des rapports très-éloignés avec l'orge, il est classé par les botanistes parmi les orges, sous le nom d'*hordeum secale*. On cultive en Europe quatre variétés de seigle : 1° le *seigle d'hiver* ou *bisannuel;* 2° le *seigle de printemps* ou *annuel;* 3° le *seigle de Rome;* 4° le *seigle multicaule* ou *de la Saint-Jean.*

1° Le seigle d'hiver est le plus généralement cultivé; l'épi de ce seigle est garni de barbes minces et longues qui, en raison de leur fragilité, tombent en partie aux approches de la maturité. C'est cette variété qui tient, dans la culture des terres légères siliceuses, la même place que tient le froment dans la culture des terres fortes; sans cette céréale une partie de l'Europe n'aurait pas de pain.

2° Le seigle de printemps est moins productif que celui d'hiver; on ne le sème guère que de loin en loin, pour remplacer le moins mal possible le seigle d'hiver, trop endommagé par les intempéries de la mauvaise saison.

3° Le seigle de Rome (*fig.* 1re) est celui de tous qui donne le grain le plus volumineux; c'est aussi celui dont le grain donne la plus belle farine. Ce seigle est spécialement propre aux terres légères des pays méridionaux; il arrive difficilement à maturité au nord du bassin de la Seine.

4° *Le Seigle multicaule* ou *de la Saint-Jean* est celui de tous les seigles qui talle le plus; chaque grain forme une grosse touffe de gazon de laquelle sort une multitude d'épis; aussi doit-il être semé très-clair. Lorsqu'on sème le seigle multicaule vers la fête de saint Jean-Baptiste, à la fin de juin, il produit au mois d'octobre suivant une belle récolte de fourrage qui peut être fauchée et distribuée au bétail à l'état frais; l'année suivante, il repousse au printemps et donne une récolte passable comme s'il n'avait pas été fauché, mais le grain de ce seigle est petit et de qualité médiocre. Son mérite principal consiste dans sa propriété de croître avec peu ou point d'engrais dans les terres les moins fertiles. Lorsqu'on se propose d'ensemencer en graine d'arbres résineux des terrains qui ne comportent pas d'autre culture plus avantageuse, on répand, en même temps que les graines de pins et de sapins, une semaille de seigle multicaule. Tout autre seigle ne viendrait pas dans ces conditions; le seigle multicaule vient partout; il abrite les jeunes arbres résineux, qui ont abso-

Seigle de Rome. (Fig. 1.)

lument besoin de protection la première année de leur croissance; il donne une récolte telle quelle, dont les produits, quoique faibles, couvrent toujours, au moins en partie, les frais de boisement : c'est la principale utilité du seigle multicaule.

CULTURE DU SEIGLE.

Pour préparer la terre à recevoir une semaille de seigle, on lui donne un premier labour de bonne heure à la fin de l'été et un second labour en octobre. On sème sur ce second labour à raison de 150 à 200 litres de grain par hectare. Quand la saison est favorable et la terre en bon état, on doit semer le seigle de bonne heure en octobre. Dans un bon système de culture alterne, la fumure n'est pas donnée directement au seigle; on fume largement pour une culture sarclée appropriée à la nature du sol, et l'on sème le seigle l'année suivante. Semé dans ces conditions, le seigle vient mieux et est moins infesté de mauvaise herbe que quand il est semé immédiatement sur la fumure.

A défaut de fumier, le seigle réussit très-bien avec une dose modérée de poudrette, de guano ou de noir de raffinerie. Lorsqu'on fait usage de ce dernier engrais, au lieu de le répandre à la volée en même temps que la semaille, il vaut mieux avoir recours au procédé du *prâlinage*. Voici en quoi il consiste : on humecte légèrement 400 kilogrammes de noir de raffinerie, afin qu'il adhère fortement aux doigts lorsqu'on y plonge la main. Cela fait, on remue vivement à la pelle, par petites portions, 2 hectolitres de seigle avec deux ou trois fois leur volume de noir humecté. Cet engrais adhère à la surface du grain, dont il triple le volume; à mesure qu'une portion de seigle est ainsi *prâlinée*, on se hâte de la semer, et l'on enterre la semaille par un trait de herse. La jeune plante née du seigle prâliné est ainsi en contact immédiat avec l'engrais qui doit favoriser sa croissance, et l'on obtient de cet engrais la totalité de son effet utile. Le seigle semé de bonne heure est quelquefois, avant l'arrivée des premiers froids, dans un état de végétation trop avancé, ce qui l'expose à souffrir beaucoup et à périr en partie pendant l'hivernage. Pour remédier à cet inconvénient, qu'on ne peut pas toujours prévenir, parce qu'on ne sait jamais positivement d'avance si l'hiver sera précoce ou tardif, doux ou rigoureux, on envoie dans les champs de seigle trop avancé un troupeau de moutons. Le berger veille attentivement à ce que les moutons ne fassent qu'y passer sans s'arrêter nulle part; ils broutent ainsi tout en marchant les seigles les plus développés; la végétation du seigle se trouve par là suffisamment ralentie, et cette céréale se retrouve en assez bon état pour recommencer à végéter convenablement au printemps de l'année suivante. On doit récolter le seigle comme le froment, mais sans excès de maturité; autrement, on en perd une partie par l'égrenage.

MÉTEIL.

Le seigle n'est pas toujours semé seul. On l'associe assez souvent pour une moitié ou pour un tiers au froment pour composer ce qu'on nomme le *méteil*, mélange qui donne un pain bis de très-bonne qualité. Ce mode de culture ne réussit qu'à condition qu'on fait choix d'une variété de froment très-précoce et qu'on moissonne le méteil un peu avant la maturité complète du froment; sans ces deux précautions, le seigle se trouve être récolté beaucoup trop mûr, ce qui en fait perdre une grande partie. La coutume de semer ensemble du froment et du seigle pour obtenir du méteil est vicieuse dans ce sens que le pain de farine de froment et de seigle se fait mieux et est beaucoup meilleur quand on fait moudre les deux grains séparément, qu'on pétrit leurs farines à part et qu'on incorpore les deux pâtes l'une à l'autre par un dernier pétrissage, ce qui n'est pas possible quand le seigle et le froment ont été semés et récoltés ensemble. Il est de beaucoup préférable de les cultiver séparément et de ne pas mélanger leurs farines avant la panification.

SEIGLE-FOURRAGE.

L'année de l'assolement où la terre doit produire des pommes de terres ou des betteraves, on peut semer en automne un seigle sans fumier; on donne dans ce cas un quart ou même un tiers de grain de semence de plus que de coutume. Ce seigle, vers la fin d'avril, est assez avancé en végétation pour donner une bonne coupe de fourrage très-recherché des bestiaux, qui n'ont encore, à cette époque de l'année, que peu ou point de fourrage frais à leur disposition. C'est un produit accessoire qui n'est pas sans importance et qui ne fatigue pas la terre. Dès que le seigle-fourrage est coupé, on apporte le fumier sur le terrain, on l'enterre par un bon labour, et l'on commence aussitôt la culture des pommes de terre ou des betteraves.

RENDEMENT DU SEIGLE EN GRAIN PAR HECTARE.

Dans les terres qui lui conviennent le mieux, le seigle peut donner en moyenne 20 à 25 hectolitres de grain par hectare; son rendement, dans des circonstances exceptionnellement favorables, peut aller jusqu'à 30 ou 32 hectolitres par hectare. Près des grandes villes, la paille de seigle préférée à celle de froment soit pour empailler les chaises, soit pour faire les tresses dont on fabrique les *cabas*, a une assez grande valeur pour que les fermiers trouvent du bénéfice à la vendre en nature, et à acheter pour la fumure de leurs terres, soit des boues provenant du balayage des rues, soit des fumiers de caserne. Quand on se propose d'utiliser de cette manière la paille du seigle, on doit s'abstenir de soumettre cette céréale au battage mécanique qui brise en partie la paille et la rend plus ou moins impropre aux usages industriels; le seigle ne peut, dans ce cas, être battu qu'au fléau, mode de battage qui laisse la paille fort entière, parce que le grain du seigle bien mûr se sépare aisément de l'épi.

Pour la moisson du seigle, sa conservation en gerbes, soit en meules, soit dans la grange, et son battage mécanique, on doit suivre de point en point les indications données plus haut (page 29), pour les mêmes opérations à l'égard du froment.

ORGE.

L'orge ne tient une place importante dans l'agriculture française que dans ceux de nos départements dont le climat n'admet pas la culture de la vigne, et qui n'ont pas de vergers d'arbres fruitiers pour la fabrication du cidre ; la bière est la boisson habituelle des habitants de cette partie de la France, et l'orge est la base de la préparation de la bière. Les variétés de l'orge cultivée sont nombreuses; elles se divisent naturellement en deux sections : 1° *orges vêtues ;* 2° *orges nues.* Les orges vêtues sont les plus répandues; elles ont pour caractère commun l'adhérence de la balle au grain. Les orges nues se distinguent aisément des précédentes en ce que leur grain est libre, comme celui du seigle, et n'adhère point à la balle. Les plus estimées sont, parmi les orges vêtues : l'*orge carrée* ou *orge commune*; l'*orge chevalier*; l'*orge de Namto* et l'*orge éventail*, et parmi les orges nues : l'*orge céleste* à six rangs, l'*orge nue* à deux rangs et l'*orge nue trifurquée.*

L'orge commune a donné par la culture plusieurs sous-variétés, dont la plus utile, comme plante fourragère, est connue dans le nord de la France sous le nom d'*escourgeon* et de *sucrion.* Cette sous-variété est peu productive ; elle n'est guère cultivée pour son grain, si ce n'est afin d'en récolter la quantité nécessaire pour les semailles; on la sème en automne, à la même époque que le froment d'hiver; c'est la plus précoce des céréales : dès le commencement d'avril, l'escourgeon peut être fauché comme fourrage frais fort recherché des bestiaux.

CULTURE DE L'ORGE.

La culture de l'orge est de point en point celle du froment de printemps. On donne pour cette culture deux labours avant l'hiver, et un troisième au moment des semailles. La plupart des orges doivent être semées dès les premiers jours de mars, plus tôt, si l'état de la terre et celui de la température le permettent. Les semailles d'orge faites tardivement réussissent quelquefois, mais l'orge semée tard, à la fin d'avril ou au commencement de mai, change de tempérament; d'annuelle qu'elle était, elle devient bisannuelle, et, si on lui laisse occuper le terrain, elle ne monte en épis que la seconde année.

Quand l'orge végéte bien, c'est une des récoltes les plus productives; c'est ce qui a donné lieu au proverbe qui dit : *Faire ses orges*, dans le sens de : faire de bonnes affaires. Le choix des variétés à cultiver de préférence est déterminé par la qualité du sol et par le climat local. Toutes les orges prospèrent dans les terres fertiles et languissent dans les terrains médiocres; l'*orge chevalier* est la plus productive dans les terres à froment de première qualité. L'*orge éventail* est la seule qui donne des produits passables dans les terres de qualité inférieure et qui ne semble pas souffrir des sécheresses prolongées auxquelles les autres orges résistent difficilement.

Les propriétés nourrissantes de la farine d'orge diffèrent peu de celles de la farine du froment; mais la farine d'orge se panifie mal, ce qui a donné naissance au proverbe : *Grossier comme pain d'orge.* La vraie destination de l'orge récoltée en France est la fabrication de la bière et la nourriture du bétail et de la volaille.

AVOINE.

L'avoine est, de même que l'orge, beaucoup plus cultivée pour la nourriture du bétail et de la volaille que pour celle de l'homme ; elle tient cependant sa place parmi les plantes alimentaires à l'usage de l'homme. Dans les pays de montagnes du nord de l'Europe, particulièrement en Ecosse, l'avoine convertie en gruau remplace le pain dans la nourriture journalière des habitants. Cet aliment les rend très-robustes; c'est le meilleur qu'il leur soit possible de se procurer dans les cantons où les céréales autres que l'avoine ne peuvent réussir.

On possède un nombreux assortiment de variétés d'avoine, les unes à grain noir, les autres à grain blanc ; les avoines noires sont les plus estimées dans nos départements du Centre et du Midi ; les avoines blanches sont plus cultivées dans le nord de la France.

Les meilleures avoines sont, parmi les noires : l'*avoine de Brie*, l'*avoine de Beauce* ou *joannette*, l'*avoine de Hongrie* et l'*avoine d'hiver*. Cette dernière est la seule qui résiste aux hivers ordinaires du climat de la France centrale ; toutes les autres sont de printemps.

Les meilleures parmi les avoines blanches sont : l'*avoine blanche des Flandres*, l'*avoine patate*, l'*avoine de Géorgie* et l'*avoine blanche de Hongrie*. En Ecosse, on estime particulièrement pour la préparation du gruau les variétés locales, dont les plus répandues sont les avoines de *Hopetoun*, *du Shériff* et de *Kildrummie*. Ces avoines sont à peine connues en France; elles se recommandent par la propriété qu'elles possèdent au plus haut degré de croître et de mûrir leur grain sur les pentes élevées des hautes montagnes, sous un climat que les autres avoines ne pourraient supporter.

CULTURE DE L'AVOINE.

Le tempérament de l'avoine diffère de celui des autres céréales, ce qui modifie les conditions de sa culture. C'est la seule céréale qui puisse donner des produits passables dans des terres légères siliceuses de qualité médiocre avec très-peu d'engrais; c'est aussi celle des céréales dont la culture ne réclame qu'un seul labour d'automne et une façon superficielle au moment des semailles. Lorsqu'on retourne une vieille prairie épuisée, dans l'intention de la rétablir après un an ou deux de culture en céréales, c'est à l'avoine qu'il faut donner la préférence. La place de l'avoine dans l'assolement, quel que soit celui qu'on adopte, est toujours vers la fin de la rotation, quand il ne reste plus que peu de débris de la fumure en terre. Si, en pareil cas, on veut accorder à l'avoine un supplément d'engrais pulvérulent, il faut se garder de lui en donner trop; c'est le guano, à la faible dose de 150 à 160 kilogrammes par hectare, qui favorise le mieux la production de l'avoine. Pour qu'il produise tout son effet utile, il faut le faire adhérer au grain de semence par le procédé précédemment décrit pour le pralinage du seigle (page 33). Des expériences comparatives, faites récemment en Allemagne avec beaucoup de soin, ont démontré que 10 ou 12 kilogrammes de guano donnés à l'avoine sous forme de pralinage, produisent autant d'effet utile que 20 à 25 kilogrammes de guano répandu à la volée, en même temps que la semaille. Si l'on donne à une avoine seulement 200 kilogrammes de guano par hectare, le but est dépassé; on obtient le maximum d'effet utile du guano sur l'avoine en pralinant le grain de semence avec 150 à 160 kilogrammes de guano pour les semailles d'un hectare, sans excéder cette dernière dose.

L'avoine redoute surtout la sécheresse durant les premières semaines de sa croissance; c'est pourquoi il faut la semer dès que l'état de la terre rend les semailles possibles, dès la première quinzaine de mars, mieux encore, s'il se peut, à la fin de février. Quand l'avoine s'est bien emparée du terrain avant le hâle de mars, la sécheresse prolongée du printemps n'arrête pas sa végétation; si elle a été semée un peu trop tard, et qu'il survienne un printemps un peu plus sec que de coutume, la récolte de l'avoine est à peu près nulle. On sème à la volée, à raison de 250 litres de grain par hectare; deux hectolitres doivent être considérés comme un minimum, quand le grain de semence doit être praliné avec du guano; on mesure la quantité nécessaire pour les semailles avant le pralinage.

L'avoine est parfaite pour abriter une semaille de graine de foin, de sainfoin ou de luzerne, dans le but de rajeunir une vieille prairie naturelle ou de créer une prairie artificielle. On doit, en ce cas, faire choix d'une variété d'avoine très-précoce, afin qu'elle laisse de bonne heure le champ libre aux plantes fourragères, et que celles-ci, dans l'intervalle qui s'écoule entre l'enlèvement de la récolte d'avoine et l'arrivée des premiers froids, puissent prendre assez de force pour résister à la mauvaise saison.

Dans les terres à la fois légères et fertiles, qui lui conviennent particulièrement, une bonne avoine peut rendre jusqu'à 35 à 40 hectolitres de grain par hectare ; dans les terres de qualité moyenne, pour peu qu'il y reste un peu de fumier donné aux récoltes précédentes, on peut compter sur un rendement de 28 à 30 hectolitres d'avoine par hectare. La paille d'avoine est celle de toutes qui convient le mieux à la nourriture des moutons, auxquels on la distribue hachée en mélange avec une petite quantité de luzerne ou de trèfle.

AVOINE-FOURRAGE.

L'avoine, de même que les autres céréales, peut être fauchée verte et distribuée aux bestiaux, mais ce n'est pas la manière de l'utiliser le plus complétement possible comme fourrage. Dans ce but, il faut laisser l'avoine former et développer complétement son épi, et la faucher à ce moment de sa croissance. Elle est alors fanée et conservée comme fourrage sec. C'est une précieuse ressource pour les exploitations où les autres fourrages sont peu abondants. L'avoine-fourrage est très-nourrissante pour le bétail ; elle l'est même trop, et les bestiaux s'en donnent facilement des indigestions ; il faut, pour les leur éviter, hacher l'avoine-fourrage et la distribuer au bétail mêlée par partie égale à de la paille hachée de seigle ou de froment.

MAÏS.

Le maïs, aussi connu sous le nom de *blé de Turquie*, bien qu'il soit originaire, non de la Turquie, mais de l'Amérique du Sud, est cultivé sur une grande échelle dans plusieurs de nos départements de l'Est, où la farine de maïs préparée en bouillie sous le nom de *gaudes* forme la base de la nourriture habituelle des populations rurales; le maïs est aussi traité en grande culture et employé aux mêmes usages dans une partie de la région du Sud-Ouest. Cette précieuse céréale a produit par la culture un si grand nombre de variétés qu'il s'en trouve de divers tempéraments, appropriés au sol et au climat de toutes les parties de notre territoire.

Les espèces et variétés de maïs forment deux groupes naturels, celui des *maïs à gros grain*, blancs et jaunes, à végétation puissante, à maturité tardive, et celui des *maïs à petit grain*, à basse tige, à maturité précoce. Ceux du premier groupe ne peuvent être cultivés avec succès au nord du bassin de la Loire; ceux du second groupe peuvent être cultivés dans tout le nord de la France et jusqu'en Belgique, où leur grain mûrit complétement. Les meilleures variétés de maïs à gros grain, pour les départements au sud de la Loire, sont le *gros maïs jaune* (*fig.* 2), le *gros maïs blanc*, le *jaune de Pensylvanie* et le *maïs perle*, à grain blanc, de l'Amérique de Nord. Pour les départements au nord de la Loire, on doit préférer le *maïs à poulets* ou *quarantain*, le *maïs d'Auxonne*, le *maïs à bec* à grain terminé en pointe et le *maïs de Thourout*, variété

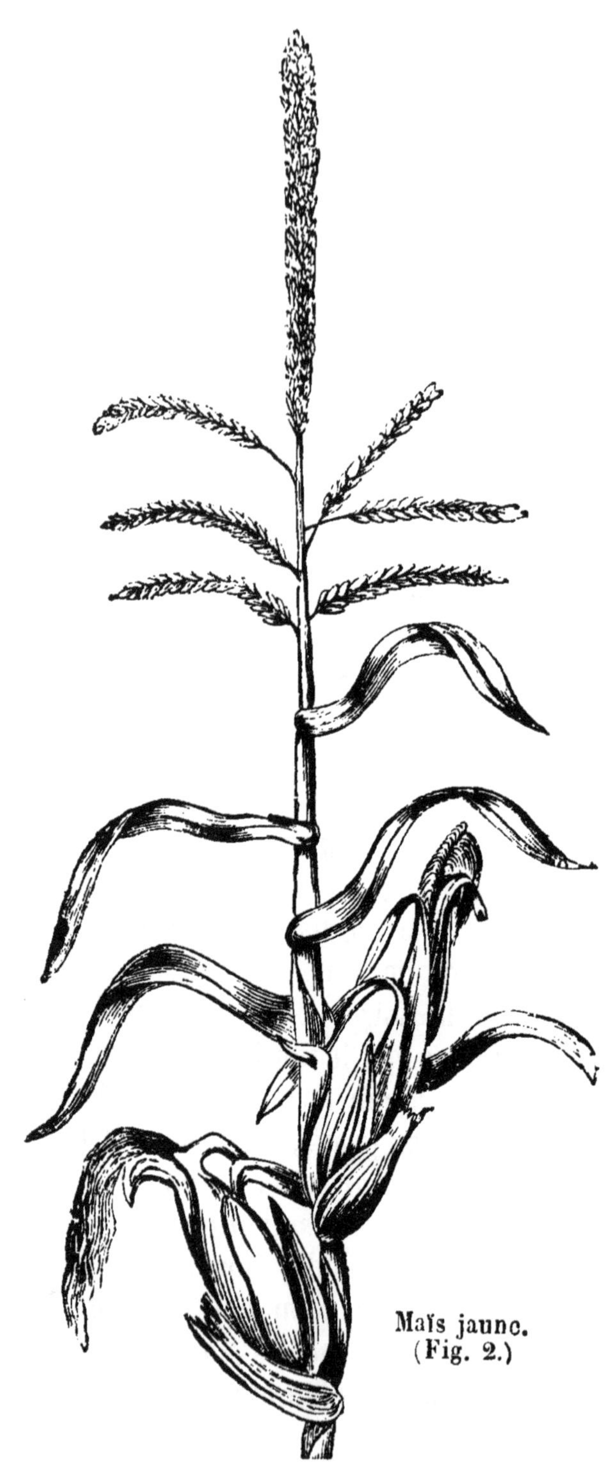

Maïs jaune.
(Fig. 2.)

obtenue de semis en Belgique. Ce dernier maïs est en même temps l'un des plus productifs, et, sans contredit, le plus rustique des maïs cultivés; son tempérament est tout spécialement approprié au sol et au climat du nord de la France.

CULTURE DU MAÏS.

Il n'y a pas de culture plus utile à propager que celle du maïs; cette culture peut, moyennant un choix judicieux des variétés, réussir partout en France; elle est la plus facile des récoltes sarclées; elle nettoie très-exactement le sol; elle fournit, outre le grain de maïs, un fourrage abondant aussi sain que nourrissant pour toute espèce de bestiaux.

Dans les cantons où il est difficile d'accoutumer la population à faire entrer la farine de maïs dans son régime alimentaire journalier, les animaux domestiques, les porcs en particulier, qui n'ont pas de préjugés en fait de nourriture, peuvent consommer le maïs avec grand bénéfice pour ceux qui les élèvent et les engraissent. D'ailleurs, la facilité des transports par les chemins de fer permet toujours au producteur de faire arriver le maïs, comme les autres céréales, sur les points de notre territoire où il peut trouver des acheteurs.

On prépare la terre à recevoir une semaille de maïs en lui donnant en automne deux labours, dont le second doit être assez profond pour bien enterrer la fumure. Au printemps, on donne une troisième façon, assez superficielle pour que le fumier ne soit pas ramené à la surface, puis on plante le maïs. On trace, à cet effet, des lignes également espacées, à 50 ou 60 centimètres pour les gros maïs, à 30 ou 40 pour les petits. Ces lignes sont coupées par d'autres lignes, également espacées, qui rencontrent les premières à angle droit. A tous les points d'intersection des lignes, on plante deux grains de maïs, à 4 ou 5 centimètres de profondeur.

Quand la température est douce, on peut semer le maïs, sous le climat de la vallée de la Seine, dans les premiers jours de mai; on sème un peu plus tôt au sud de cette vallée, un peu plus tard au nord; chacun doit se conformer, à cet égard, au climat local et prendre pour règle de ne jamais semer le maïs avant que tout retour de froid tardif ait cessé d'être à craindre, car une gelée d'un demi-degré au-dessous de zéro suffit pour tuer le maïs sans remède.

Il faut butter une première fois le maïs dès qu'il a 20 à 25 centimètres de haut, et une seconde fois 15 ou 20 jours plus tard. Les épis mâles se montrent les premiers, puis les épis femelles, distingués par les longs filaments qui les terminent. Quand ces filaments se flétrissent, la fécondation est opérée; les épis mâles peuvent être supprimés sans inconvénient. On les coupe avec les deux ou trois feuilles placées au-dessous, ce qui donne une abondante récolte d'un excellent fourrage. Plus tard, les épis femelles ayant pris tout leur volume, on peut, sans nuire à la qualité du grain, faire une seconde récolte de fourrage en enlevant toutes les feuilles dont la plante n'a plus besoin. L'air et la lumière circulent alors librement entre les plantes et facilitent la maturité des épis. Il n'y a rien à faire pour hâter cette maturité sous le climat de nos départements au sud de la Loire; au nord de ce fleuve, il peut être utile d'accélérer la maturation du grain dans l'épi. A cet effet, si le maïs n'est pas mûr vers la fin de septembre, on tire avec précaution chaque épi de haut en bas, de façon à le détacher à moitié de la tige, sans l'en séparer tout à fait; les épis, pendant ainsi la pointe en bas, achèvent de mûrir en peu de jours. Il faut alors les dépouiller de leurs nombreuses enveloppes, les lier par bottes et les suspendre dans un local aéré pour les laisser bien sécher. On les égrène à loisir pendant les longues soirées d'hiver; c'est une besogne à la portée des enfants et des femmes, quand elles n'ont rien à faire de plus pressé. On peut aussi se servir de divers instruments connus sous le nom d'égrenoirs, dont le plus simple est une lame de sabre fixée à l'orifice d'une vieille futaille. On doit préserver le maïs des atteintes de l'humidité; sa conservation est plus facile que celle de toutes les autres céréales. Semé dans un sol fertile et bien fumé, le maïs peut rendre de 60 à 80 hectolitres de grain par hectare.

MILLET.

On cultive dans le midi de la France, mais sur une échelle très-restreinte, deux espèces distinctes de millet, *le millet commun et le millet d'Italie*. Le grain de ces deux plantes est revêtu d'une écorce lisse, lustrée, dure, qui ne permet pas de le convertir en farine avant de l'avoir fait passer une première fois sous la meule pour le transformer en gruau et en semoule; c'est sous cette dernière forme qu'il est le plus usité. C'est un aliment pesant et de difficile digestion, qui passe pour ne pas contribuer à développer beaucoup l'intelligence de ceux qui s'en nourrissent habituellement; aussi dit-on vulgairement en Gascogne à quelqu'un qui fait ou dit quelque sottise : Tu as donc mangé du millet?

On sème le millet en lignes, à la main, en espaçant les lignes comme pour le maïs; les façons préparatoires sont les mêmes pour ces deux cultures. Quand le millet est bien levé, on éclaircit le plant dans les lignes, pour que les plantes se trouvent à peu près également à 30 centimètres les unes des autres. Un sarclage et un binage favorisent la croissance du millet, mais il n'a pas besoin d'être butté, parce qu'il ne forme pas, comme le maïs, un nouveau cercle de racines à la partie de la tige recouverte de terre par le buttage. Le rendement en grain du millet, en bon terrain, est de 20 à 25 hectolitres par hectare.

Une plante très-voisine du millet, le sorgho, qui tient lieu de blé aux nombreuses populations noires de l'Afrique centrale, a pris, depuis quelques années, une place assez importante dans l'agriculture du midi de la France, mais non pas comme plante alimentaire.

L'espèce la plus cultivée, qu'on mentionne seulement à cause de sa parenté très-proche avec le millet, est le *sorgho à sucre* (*fig.* 3), originaire de la Chine, plante essentiellement industrielle, dont les tiges très-sucrées fournissent un alcool abondant et de bonne qualité; on extrait aussi de l'écorce noire des grains du sorgho de la Chine un principe colorant rouge utilisé pour la teinture.

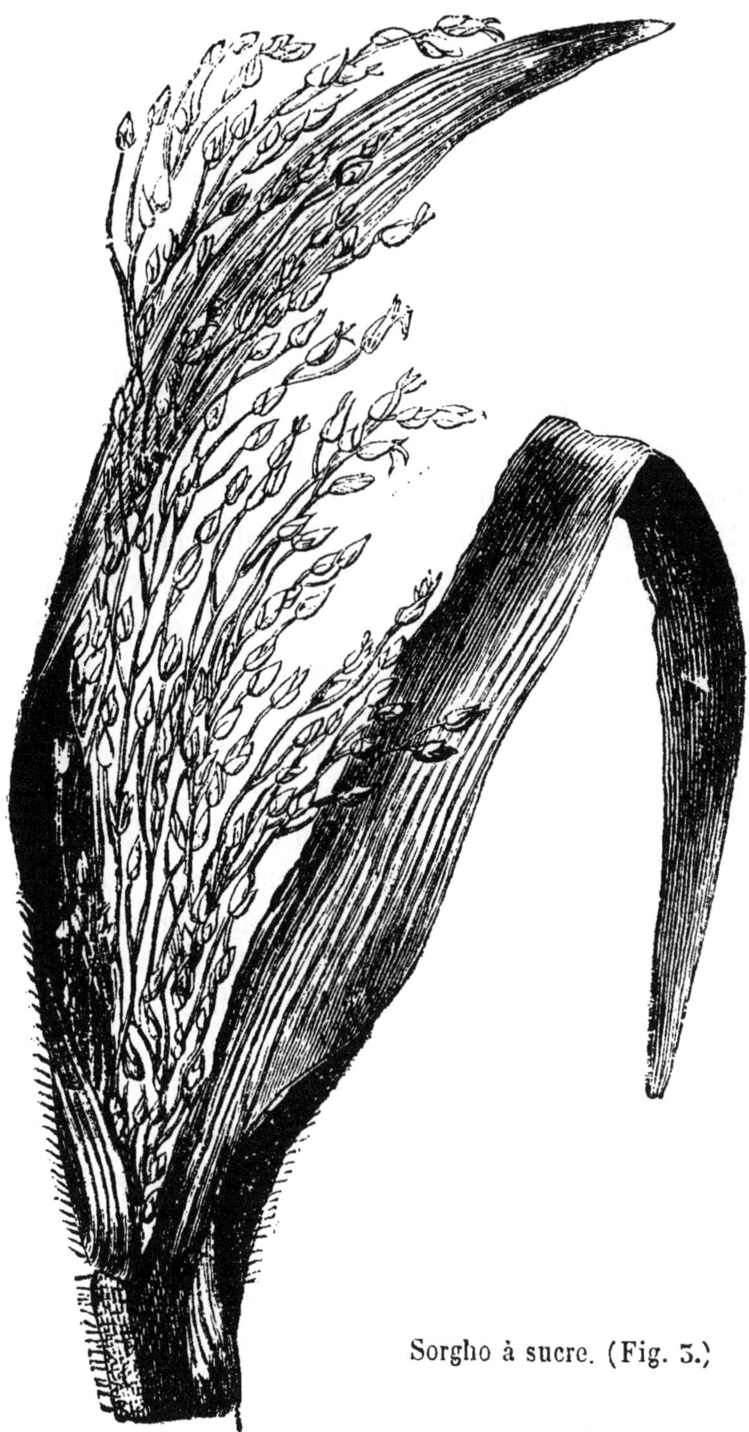

Sorgho à sucre. (Fig. 3.)

SARRASIN.

Il y a dans l'ouest de la France, particulièrement dans la presqu'île armoricaine (ancienne Bretagne), des départements entiers dont la population mange très-peu de pain, et se nourrit principalement de farine de sarrasin préparée sous diverses formes; le sarrasin ou blé noir tient donc une place importante parmi les végétaux dont les produits servent à la nourriture de l'homme.

Le sarrasin est de toute antiquité l'aliment principal des Tartares; ce sont eux qui en ont enseigné aux Polonais la culture et les usages; c'est par les Polonais que, pendant le moyen âge, la culture du sarrasin ou blé noir s'est répandue dans toute l'Europe.

En Bretagne, la farine de sarrasin est consommée sous forme de bouillie ou bien en galettes cuites sur une plaque de fer. Cette farine, bien qu'un peu lourde à digérer, n'est pas par elle même un aliment malsain. Mais l'écorce d'un gris foncé qui entoure la graine du sarrasin renferme un principe malfaisant qui, lorsqu'on l'isole, devient un véritable poison. Par une mouture défectueuse et un blutage très-imparfait, la farine de sarrasin est livrée à la consommation mélangée à une portion notable de son écorce broyée par la meule; c'est là surtout ce qui rend la bouillie et les galettes de sarrasin difficiles à digérer pour ceux qui n'ont pas l'habitude de ce genre de nourriture.

En Tartarie comme en Pologne, on ne réduit le sarrasin en farine qu'après l'avoir fait préalablement passer à l'état de gruau. La farine de ce gruau, exempte de toute parcelle de son, est blanche, de bon goût, et se digère aisément, de quelque manière qu'on la prépare. De nos jours, un Polonais établi en France, M. Saniewski, a tenté vainement d'introduire dans les départements où l'on consomme le plus de sarrasin la coutume de son pays pour la préparation du gruau de sarrasin; il n'a pas pu réussir à la faire adopter.

CULTURE DU SARRASIN.

Le sarrasin est par excellence la plante des terrains pauvres, siliceux, maigres, à peine propres à produire du seigle et de l'avoine. On sème le sarrasin à la volée, à raison de 150 litres par hectare. Le sol doit recevoir deux labours, un d'hiver, aussi profond que possible, l'autre de printemps, plus superficiel. On peut semer sur le terrain qui doit être ensemencé en sarrasin une plante fourragère annuelle, telle qu'une vesce d'hiver ou un trèfle incarnat; quand ces fourrages sont récoltés, il est encore temps de semer le sarrasin, dont la végétation est très-rapide : semé en juin, il mûrit son grain en automne. Le sarrasin peut se passer de fumier, et réussir très-bien, vers la fin de l'assolement, quand l'engrais en terre est à peu près épuisé. Il se trouve très-bien d'une dose même faible de cendres de bois ou de tourbe répandue à la volée en même temps que le grain de semence; c'est, de tous les engrais qu'on peut lui donner, celui qui favorise le mieux la végétation du sarrasin.

RÉCOLTE DU SARRASIN.

Le défaut capital du sarrasin, c'est d'être trop constamment remontant; une fois qu'il a commencé à fleurir, il continue sans interruption, jusqu'à l'arrivée des premières gelées blanches d'automne, de sorte qu'il porte à la fois des fleurs, des grains à demi formés et d'autres qui tombent au moindre choc, par excès de maturité. Il est par conséquent impossible à l'homme de profiter en totalité de la récolte du sarrasin; il s'en perd toujours une partie par égrenage. On choisit, pour récolter le sarrasin, le moment où la plante encore en fleurs est suffisamment chargée de grains mûrs. Les cultivateurs soigneux battent le sarrasin sur place, dans de grandes toiles, ce qui n'exige pas de grande dépense de force, le grain ayant très-peu d'adhérence à son pédoncule; de cette manière, on subit le moins possible de perte par l'égrenage. On considère un rendement en grains de 15 à 18 hectolitres de sarrasin par hectare comme une très-bonne récolte; dans la plupart des terres pauvres, siliceuses, excessivement légères, dont le sarrasin est le principal produit, il ne rend pas au delà de 10 à 12 hectolitres de grains par hectare. Le sarrasin est aussi très-utile comme engrais vert.

PLANTES LÉGUMINEUSES.

HARICOTS.

Les plantes autres que les céréales dont les graines sont habituellement employées à la nourriture de l'homme appartiennent à la famille des légumineuses, qui a pour caractère distinctif la cosse ou silique dans laquelle la graine est renfermée. Une grande partie des produits de ces plantes livrés à la consommation viennent, non pas des champs, mais des jardins. Cependant plusieurs légumineuses sont, sur divers points de notre territoire, traitées en très-grande culture : ce sont *les haricots*, *les fèves*, *les pois* et *les lentilles*.

Si les graines des légumineuses ne rendent pas au genre humain des services égaux à ceux que lui rendent les céréales, il est un genre de service auquel ces graines sont tout spécialement appropriées, en raison de la facilité de leur conservation. Les légumes secs, nom sous lequel ces graines sont désignées, sont la base de la nourriture des équipages des navires pendant les voyages de long cours. Dans nos départements voisins du littoral, l'agriculture doit être en mesure de fournir des quantités très-considérables de ces légumes pour les approvisionnements maritimes; c'est le principal débouché pour ce genre de produits.

Le haricot occupe le premier rang parmi les légumineuses au même titre que le froment parmi les céréales; c'est celle des graines légumineuses qui contient sous un volume donné le plus de principes nourrissants. Le haricot, par la culture dans nos champs et nos jardins, a produit une multitude de variétés; celles qu'on admet dans la grande culture se divisent en deux sections : 1° les *haricots à rames;* 2° les *haricots nains* ou sans rames. Ces derniers, ayant perdu par une sorte de dégénérescence la propriété naturelle du haricot, celle de produire de longues tiges volubiles s'enroulant autour de tous les appuis qu'elles trouvent à leur portée, fleurissent de bonne heure, ce qui arrête le développement ultérieur des tiges; néanmoins, dans la grande culture, il est rare que, parmi les haricots nains, il ne s'en trouve pas quelques-uns dont les tiges se prolongent et tendent à reprendre leurs habitudes grimpantes originelles.

On cultive en grand, parmi les haricots à rames : 1° le *haricot blanc de Soissons;* 2° le *haricot-sabre blanc;* 3° le *blanc de Liancourt;* 4° le *haricot rouge de Prague;* 5° le *haricot noir* ou *haricot-beurre.*

Parmi les haricots nains on admet, dans la grande culture : 1° le *haricot de Soissons nain;* 2° le *haricot-sabre nain*; 3° le *haricot-flageolet;* 4° le *haricot suisse gris de Bagnolet;* 5° le *haricot nain jaune du Canada.*

Il y a, en dehors de ces deux listes, dans tous les cantons où le haricot est cultivé en grand pour la vente comme légume sec, des variétés et sous-variétés locales, qui toutes rentrent dans les caractères généraux des variétés ci-dessus indiquées. En général, dans la grande culture, il est plus avantageux de s'en tenir aux variétés à grain blanc; ce sont toujours celles qui se vendent le mieux. Le haricot, à quelque variété qu'il appartienne, devient dur, difficile à faire cuire et à digérer après une année de conservation. Pour les haricots à grain blanc, le mélange des vieux avec les nouveaux n'est guère possible ; les haricots blancs de deux ans ont pris un ton jaunâtre et terne qui ne permet pas à l'acheteur de s'y méprendre et de les confondre avec ceux de la dernière récolte. Cette facilité n'existe pas, du moins au même degré, pour les haricots diversement colorés, les vieux peuvent être mêlés aux nouveaux sans que l'acheteur s'en aperçoive; cela seul, à part la supériorité de qualité, justifie la préférence accordée généralement aux haricots blancs sur les haricots de couleur, spécialement pour les grands approvisionnements maritimes.

CULTURE DU HARICOT.

Avant de se décider à adopter une variété de haricots pour la grande culture, il faut se rappeler le précepte de Matthieu de Dombasle : « Travaillez toujours les yeux tournés vers le marché. » En fait de haricots plus que pour tout autre genre de produits agricoles, il ne faut cultiver que ce qu'on est certain de vendre et de bien vendre, car les vieux haricots perdent la plus grande partie de leur valeur commerciale; c'est donc à la variété qu'il est le plus facile de placer avec avantage qu'il faut donner la préférence. Les haricots à grandes rames, comme le soissons et le rouge de Prague, ne sont avantageux que dans les cantons où il est facile de se procurer, pour les ramer, de longues perches à un prix modéré; les haricots à demi-rames, comme le Liancourt, sont moins coûteux à cultiver sous ce rapport, mais ils n'obtiennent pas un prix aussi élevé que les précédents et ils sont moins productifs.

On prépare la terre pour une culture de haricots comme pour une culture de blé de printemps, par deux labours d'automne et un labour de printemps; on enterre la fumure par le dernier labour et on laisse reposer le terrain jusqu'au moment de la plantation. Toute bonne terre à blé est propre à la culture du haricot; les meilleures sont celles qui ne sont pas sujettes à durcir pendant la sécheresse et qui conservent en été un peu de fraîcheur dans le sous-sol. On ne doit confier les haricots à la terre que quand il n'y a plus lieu de craindre aucun retour de froid tardif, car ils gèlent, comme le maïs, sous l'influence d'une gelée d'un demi-degré. Il n'est pas prudent, sous le climat du centre de la France, de semer les haricots avant le 10 mai, à moins que les terrains où on les cultive ne soient en pente, à l'exposition du plein midi. Le terrain labouré, hersé, aplani par le passage du rouleau, est sillonné de rayons espacés entre eux de 40 centimètres et croisés par d'autres rayons qui coupent les premiers à angle droit. Aux points de rencontre de ces rayons on plante quatre ou cinq haricots disposés en rond à quelques centimètres les uns des autres; cet arrangement est surtout nécessaire pour les haricots à grandes rames. Pour peu que le sol soit argileux et compacte, il faut répandre sur les haricots, au moment où on les plante, une bonne poignée de cendres tamisées, qu'on recouvre en même temps que les haricots. Plus la terre est légère, plus les haricots doivent être profondément enterrés; plus elle est forte, moins ils doivent être recouverts : s'ils le sont trop, ils ne lèvent pas. Les cendres données aux haricots au moment de la plantation leur sont surtout favorables en raison de la potasse qu'elles contiennent en assez forte proportion, et qui, mêlée à la terre dont les haricots de semence sont couverts, attire fortement l'humidité atmosphorique. Les racines des haricots sont préservées par là des atteintes de la sécheresse, à laquelle cette plante résiste difficilement, quoique elle redoute aussi un excès d'humidité. On met les rames en place quand les plantes commencent à former leurs tiges volubiles. Si le pays est sujet aux vents violents, les perches doivent être plantées sur deux rangs, inclinées l'une vers l'autre, et rattachées près de leur sommet par des liens d'osier, ce qui leur donne plus de solidité pour résister aux coups de vent.

RÉCOLTE.

La récolte des haricots à grandes rames ne doit pas être faite en une seule fois. La floraison du haricot dure longtemps; la maturité du grain dans les cosses suit la même marche, elle a lieu successivement; il y a en même temps des haricots secs au bas des tiges, et des haricots verts près de leur sommet. On doit, au moins à deux reprises différentes, visiter les plantations de haricots à grandes rames, entre lesquelles des passages ont dû être ménagés à cet effet de distance en distance, et récolter les cosses mûres les premières; si elles restaient sur la plante et que l'été fût pluvieux, comme il l'est fréquemment dans les pays de grande culture du haricot, le grain serait détérioré par l'humidité dans les cosses et perdrait une grande partie de sa valeur vénale. La récolte des haricots mûrs les premiers est une besogne délicate qui ne doit être confiée qu'à des ouvrières attentives et soigneuses; si l'on tire les cosses mûres trop brusquement pour les détacher, on casse la tige, et les haricots qui auraient mûri plus tard sont perdus. Les haricots se conservent mieux dans leurs cosses que de toute autre manière; on les dépose en tas dans un local sec et bien aéré; ils ne doivent être battus ou écossés qu'au moment de la vente. Il importe, pour bien vendre les haricots, de les soumettre à un triage sévère; quelques haricots tachés ou défectueux déprécient cette marchandise et en rendent la vente plus ou moins difficile. Dans les bons terrains, les haricots à grandes rames peuvent donner de 25 à 30 hectolitres par hectare.

La culture des haricots nains se fait en partie comme celle des haricots à rames; les labours, la fumure et l'emploi des cendres au moment de la plantation sont les mêmes pour les deux sections de haricots admis dans la grande culture. On plante en poquets, à des distances variables, selon le développement présumé des plantes; on met dans chaque poquet 5 ou 7 haricots, d'après la même considération, ce qui fait dire aux cultivateurs que tel ou tel haricot est de 5 ou de 7 à la touffe. Dans les cantons sujets à la sécheresse, il vaut mieux faire les touffes plus fortes en les espaçant en conséquence, afin que les haricots conservent au pied un peu de fraîcheur en produisant une ombre plus épaisse. On donne un premier binage dès que les haricots ont pris leurs premières feuilles, et un second quinze ou vingt jours plus tard.

Lorsqu'on cultive les haricots à très-longues cosses, tels que les soissons nains et les sabres nains, il faut procéder comme pour les haricots à rames et avec les mêmes précautions, et cueillir les cosses mûres les premières, qui ne pourraient manquer de pourrir en traînant sur la terre humide. Quand tout est mûr et que les plantes sèchent sur pied, on arrache tous les haricots, on les lie par bottes, qu'on laisse debout sur le terrain pendant quelques jours, si le temps le permet, pour compléter la maturité du grain, puis on cueille toutes les cosses qui sont conservées au grenier pour être battues au moment où les haricots doivent être portés au marché. Le produit moyen des haricots nains est de 15 à 20 hectolitres par hectare.

DOLIQUE.

Le dolique n'est cultivé en France en grande culture que dans nos départements les plus méridionaux, spécialement dans le Var, où il est connu sous les noms de *bannette, mongette* et *œil noir*. C'est une espèce entièrement distincte des autres et par la forme et par le goût; le grain est d'un gris fauve avec uue marque noire à la place du germe; il devient brun par la cuisson. Cettte espèce est très-productive; elle n'a pas besoin d'être ramée, ce qui en rend la culture facile et peu dispendieuse.

Le dolique doit être planté de bonne heure, en mars, à l'exposition du midi; planté trop tard, il a trop à souffrir de la sécheresse, et son produit est à peu près nul. On plante en poquets espacés entre eux de 30 à 40 centimètres en tout sens; on espace d'autant plus que le terrain est plus fertile et que la plante doit devenir plus forte; on met 3 ou 4 grains dans chaque trou. Le surplus de la culture est le même que pour les haricots nains. Les doliques, en bon terrain, peuvent rendre de 18 à 20 hectolitres de grain par hectare. Il ne faut pas essayer la culture du dolique au nord de la région des oliviers; hors de cette région, il n'a pas assez de chaleur pour mûrir son grain, qui d'ailleurs est doué d'une saveur agréable seulement pour les consommateurs méridionaux. Dans le reste de la France, les doliques ne trouveraient pas d'acheteurs; on leur préfère les vrais haricots blancs ou de couleur.

FÈVES.

La fève, originaire de Perse et d'Égypte, est presque aussi nourrissante que le haricot, mais l'épaisseur de l'enveloppe de sa graine et la saveur qui lui est propre, moins délicate que celle du haricot, en rendent l'usage alimentaire plus limité; néanmoins, les approvisionnements maritimes en absorbent des quantités importantes. La fève est cultivée en grand dans plusieurs départements de l'Ouest et du Midi. Les cultivateurs en font grand cas, parce que, d'une part, ses tiges sont, pour les chevaux et pour tous les bestiaux, un excellent fourrage, et que, de l'autre, quand elle prend place dans l'assolement immédiatement avant un froment, elle prépare parfaitement la terre pour cette céréale.

On ne cultive en France qu'un petit nombre de variétés de fèves, dont les plus délicates sont exclusivement du domaine du jardinage. On admet, dans la grande culture, les variétés suivantes : 1° la *fève de marais commune;* 2° la *fève ronde de Windsor;* 3° la *fève verte de la Chine*. La dernière de ces trois variétés est la plus avantageuse, tant pour sa fécondité que pour la qualité supérieure de son grain, qui conserve sa couleur verte après sa complète maturité.

CULTURE DE LA FÈVE.

La fève traitée en grande culture prospère dans les bonnes terres à blé préparées comme pour une semaille de froment : elle peut, moyennant une bonne fumure, donner de très-bons produits dans un sol de qualité médiocre. On peut, sous le climat du centre de la France, semer les fèves dès la fin de février, mais seulement dans les terrains en pente, à l'exposition du midi ; partout ailleurs, pour que la fève n'ait pas à souffrir des derniers froids du printemps, il vaut mieux ne semer que dans le courant du mois de mars. On plante les fèves en poquets espacés comme pour les haricots nains, on donne un binage quand la plante a 8 à 10 centimètres de haut, et quinze jours plus tard, avant que les boutons de fleurs commencent à se montrer, on butte légèrement les fèves, ce qui les fait profiter à vue d'œil.

Les fleurs très-nombreuses qui terminent le sommet des tiges de la fève sont stériles ; on les retranche quand celles du bas, qui seules sont productives, ont produit des cosses bien formées et que les autres commencent à se faner. Dans la grande culture, les femmes chargées d'*étêter* les fèves ramassent soigneusement les sommités fleuries des plantes, qui sont un très-bon fourrage frais pour les vaches laitières ; la valeur de ce fourrage paye les frais de cette opération, qui rend la récolte des fèves plus abondante en retenant la séve au profit des cosses déjà bien formées. On reconnaît la maturité des fèves à la couleur d'un noir violet que prennent les cosses ; on fait la récolte en coupant près de terre les tiges à moitié sèches avec une forte serpette bien tranchante ; elles sont liées en bottes et disposées debout en tas pour compléter la maturité des fèves. Dans les bons terrains, les fèves peuvent rendre de 18 à 20 hectolitres par hectare, c'est un maximum rarement dépassé ; dans les terres de qualité moyenne, on ne peut pas compter sur plus de 15 à 16 hectolitres par hectare. Mais un froment précédé d'une culture de fèves est plus beau et plus productif que s'il avait été précédé par toute autre récolte; c'est un bénéfice indirect, et cependant fort important, de la culture en grand de la fève.

POIS.

On cultive très en grand les pois dans plusieurs départements de l'Ouest; ce n'est pas seulement pour les approvisionnements maritimes. L'industrie du décorticage des pois et leur vente sous forme de farine cuite, d'un emploi commode et économique pour préparer rapidement des potages et des purées, a pris, de nos jours, une extension telle que, pour la consommation de Paris et des grandes villes de France, l'agriculture doit fournir de très-grandes quantités de pois secs.

La plupart des variétés de pois dont on mange le grain écossé frais, sous le nom de *petits pois*, sont exclusivement du domaine du jardinage. On n'admet guère, dans la grande culture, que le *pois vert normand*, excellent comme légume sec et recherché surtout en raison de la qualité qui lui est propre, de conserver une belle teinte verte quand il est complétement mûr. Cette espèce n'est cependant pas la plus productive; elle est inférieure, sous ce rapport, aux pois d'Auvergne, dont les longues cosses contiennent chacune de 9 à 11 grains; mais il jaunit en arrivant à maturité.

CULTURE DU POIS.

La terre qui convient le mieux à la culture du pois en grand est un sol siliceux, léger quoique fertile, fumé depuis au moins un an. Si l'on sème les pois sur une terre à blé un peu forte et nouvellement fumée, ils s'emportent en tiges et en feuilles et ne donnent presque pas de grains. Dans la grande culture, on sème souvent le pois vert normand à la volée, à raison d'un hectolitre par hectare, sur un seul labour suivi d'un hersage par-dessus lequel on passe le rouleau. Les pois ne tardent pas à s'emparer de tous le terrain en entrelaçant leurs longues tiges, et s'accrochant les uns aux autres, pour tâcher de se soutenir mutuellement. Quand l'été n'est pas trop pluvieux, ce mode de culture donne un résultat passable ; dans les étés humides, le bas des tiges et les cosses inférieures sont gâtés par l'humidité du sol, sur lequel les pois s'affaissent ; on récolte peu de pois, et il faut en éliminer une partie par le triage.

Le pois vert normand ne donne tout ce qu'on en peut attendre que quand il est semé en lignes ou en poquets et pourvu de longues rames. Les tiges prennent alors un grand développement ; elles se ramifient beaucoup, fleurissent abondamment, et peuvent donner de 18 à 20 hectolitres de pois par hectare. C'est à peine si, dans les mêmes conditions de sol et d'exposition, le pois vert normand, cultivé sans rames, peut donner en moyenne 12 à 15 hectolitres par hectare, quoiqu'il donne un peu plus dans les années dont la température lui est très-favorable. C'est donc une fort mauvaise économie que de refuser à cette plante les rames, dont elle paye si généreusement le loyer.

Il ne faut pas faire revenir trop souvent les pois dans la même terre ; une récolte de pois dans un assolemeut quadriennal est tout ce qu'on peut demander à la terre la mieux appropriée à la culture des pois. S'ils y reviennent à de trop courts intervalles, non-seulement ils finissent par ne plus produire que des récoltes de plus en plus faibles, mais encore ils se détériorent, deviennent amers, durs et sont à peine mangeables. Comme cette mauvaise qualité des pois normands vendus à l'état de légumes secs ne se trahit par aucun signe extérieur, et qu'elle ne peut être connue que du vendeur, l'acheteur a le droit de regarder celui-ci comme un homme de mauvaise foi et de lui en garder rancune. C'est ce qui fait dire d'un homme qui en veut aux gens sans motifs connus : « Il faut qu'on « lui ait vendu des pois qui ne veulent pas cuire. »

LENTILLES.

La lentille est le plus nourrissant des légumes secs ; la sainte Écriture atteste qu'elle était cultivée en Orient dès la plus haute antiquité. Si elle est peu cultivée en France, c'est qu'elle est peu productive ; la plante charge peu, et chaque cosse ne contient pas plus de deux grains. Il ne faut pas semer la lentille dans un terrain frais et trop fertile, où elle pousse trop en tiges et en feuilles, et ne donne presque pas de grain. Elle n'est à sa place que dans les terres légères, sableuses, naturellement sèches, fumées depuis un an ou deux. On doit réserver pour les semailles une partie des lentilles de la précédente récolte conservées dans les cosses, autrement les lentilles perdent, en partie, leurs facultés germinatives, et les semis lèvent très-inégalement.

CULTURE DES LENTILLES.

On sème vers la fin de mars ou dans la première quinzaine d'avril, soit en lignes, soit en poquets, en ayant soin de ne pas trop recouvrir la semence et d'espacer les touffes comme celles des haricots nains. Les champs en pente, au midi ou au sud-est, sont ceux où la lentille réussit le mieux. Cette plante ne doit jamais être semée à la volée, ce qui rendrait impossible les deux binages, dont elle ne peut se passer. C'est le moins productif des légumes dont le grain est consommé sec. Dans les terrains qui lui conviennent le mieux et les années où la température lui est le plus convenable, la lentille ne rend pas au delà de 12 hectolitres par hectare ; elle ne donne guère que 8 à 10 hectolitres dans les années ordinaires et les terres de fertilité moyenne. Les lentilles peuvent conserver pendant deux ans toutes leurs propriétés, soit pour les semailles, soit pour la cuisine ; mais c'est à la condition expresse qu'elles ne seront écossées qu'au moment de les utiliser pour l'une ou l'autre de ces deux destinations.

RACINES ALIMENTAIRES.

POMMES DE TERRE.

Plusieurs racines alimentaires font partie du régime habituel de l'homme ; elles appartiennent toutes au jardinage, à l'exception de la *pomme de terre*, qui tient une place du premier ordre dans l'agriculture française.

La pomme de terre, originaire du Pérou, a eu beaucoup de peine à se faire accepter en Europe parmi les plantes alimentaires à l'usage de l'homme. Aujourd'hui, il n'y a pas dans nos cultures de plante qui soit d'une plus indispensable nécessité.

Les espèces et variétés de pommes de terre cultivées pour l'usage de l'homme sont excessivement nombreuses. Depuis l'invasion de la maladie des pommes de terre, on a multiplié les semis de graine de cette plante, dans l'espoir rarement réalisé d'en obtenir des variétés moins accessibles aux atteintes du mal. Il en est résulté une multitude de sous-variétés plus ou moins inconstantes, et dont la liste remplirait un volume ; presque toutes ces nouveautés sont destinées à la grande culture, soit pour nourrir les bestiaux, soit pour alimenter les féculeries et les distilleries. Les meilleures espèces à cultiver en grand pour la nourriture de l'homme sont divisées en deux sections : 1° *les pommes de terre hâtives ;* 2° *les pommes de terre tardives.*

Parmi les hâtives, celles qui réussissent le mieux en grandes cultures sont *la chaville*, *la jaune de Hollande*, et deux variétés belges plus précoces que toutes les autres, qu'on nomme, aux environs de Bruxelles, *sept-semaines* et *neuf-semaines*, en raison de la rapidité de leur végétation.

Parmi les tardives, les meilleures pour la cuisine sont *la vittelotte*, *la rouge-longue* ou *corne-de-chèvre* et *les yeux-bleus*, excellente espèce belge des environs de Liége. Chaque cultivateur peut, du reste, consulter à cet égard l'état du marché, et planter en grand les pommes de terre les plus avantageuses pour la vente dans son canton ; il y a du choix.

CULTURE DE LA POMME DE TERRE.

A l'exception des terrains argileux excessivement compactes et des terrains crayeux frappés d'une stérilité absolue, la pomme de terre possède l'heureux privilége de croître partout. C'est dans les terrains à la fois légers et fertiles, plus sableux qu'argileux, riches en humus, que les pommes de terre à l'usage de l'homme donnent les meilleurs produits. On prépare la terre pour une culture de pommes de terre comme pour un blé de printemps; on plante sur le dernier labour, les espèces les plus précoces vers la fin de février, les autres, en mars ou au commencement d'avril. Quand on a semé sur le terrain destiné aux pommes de terre un seigle ou une orge à faucher comme fourrage vert, il arrive assez souvent que le terrain n'est pas disponible avant la fin d'avril. Lorsqu'on plante ainsi tardivement, c'est à une espèce à croissance rapide qu'il faut donner la préférence.

Avant l'invasion de la maladie, les pommes de terre étaient plantées sur la fumure, en tête de l'assolement;

c'était le procédé le plus généralement en usage. Depuis, l'observation a démontré que la maladie sévit avec plus d'intensité quand la pomme de terre est mise directement en contact avec la fumure; elle est moins désastreuse quand on plante les pommes de terre dans un sol fumé l'année précédente pour une autre récolte.

PLANTATION DES POMMES DE TERRE.

On ne peut apporter trop de soin dans le choix des pommes de terre pour la plantation. Par une économie fort mal entendue, beaucoup de cultivateurs ont la déplorable habitude de réserver pour la plantation les tubercules trop petits pour la cuisine. Le plus souvent, ces tubercules ne sont restés petits que parce qu'ils se sont formés tardivement, et qu'au moment de l'arrachage ils étaient imparfaitement mûrs : ils ne valent rien pour la plantation; manquant d'énergie vitale, ils ne sauraient donner que des produits médiocres, soit en quantité, soit en qualité. Il faut planter des pommes de terre saines, bien conformées, du volume normal de leur espèce. On les plante entières quand elles ne sont pas très-grosses, sinon on peut les couper en morceaux munis chacun de plusieurs bons yeux; mais, dans ce cas, on doit se garder de planter les tubercules au moment où ils viennent d'être coupés, ils seraient exposés à pourrir en terre, et ne lèveraient qu'imparfaitement. On ne doit les planter qu'après les avoir laissés étalés, pendant un jour au moins, sur le carreau d'une chambre bien aérée, afin que les coupures aient le temps de se ressuyer.

Dans la moyenne culture, on plante les pommes de

terre dans des trous ouverts à la houe ; chaque trou qui a reçu une pomme de terre est à demi comblé par la terre déplacée pour ouvrir le trou suivant. Dans la grande culture, on ouvre des raies à la charrue, à 30 centimètres les uns des autres; les ouvrières qui suivent la charrue déposent les tubercules entiers ou coupés dans les raies, à des distances qui varient de 30 à 50 centimètres, selon l'espèce adoptée.

On plante la pomme de terre au printemps ou en automne ; la première époque est la plus usitée. Toutefois, partout où le climat local permet de regarder les pommes de terre plantées en automne comme à l'abri des atteintes de la gelée, il est avantageux, pour la culture en grand, de planter de préférence en automne; les tubercules se conservent mieux en terre que partout ailleurs; ils ne s'épuisent pas à donner avant la plantation des pousses étiolées; ils donnent des produits plus sains et plus abondants.

On donne aux pommes de terre un binage soigné dès que leurs tiges ont 8 à 10 centimètres hors de terre, et un buttage vingt à trente jours plus tard. Dans la grande culture, le binage se donne très-bien en faisant passer entre les lignes la houe à cheval, et le buttage en y faisant fonctionner le buttoir ou charrue à deux versoirs. Sans le secours de ces deux instruments, le fermier qui plante annuellement 25 ou 30 hectares de pommes de terre manquerait presque toujours du nombre d'ouvriers nécessaire pour les faire biner et butter à la houe au moment opportun.

Quand les pommes de terre sont épargnées par la maladie, on ne doit arracher les tubercules qu'au moment ou les tiges ou fanes sont flétries, indice certain de leur complète maturité. Si elles sont plus ou moins attaquées, on peut arracher dès que la maladie envahit les fanes; on aura moins de tubercules, mais ils ne seront pas malades : la maladie des pommes de terres commence toujours par les feuilles, et se propage en descendant des tiges aux tubercules.

MOYENS A OPPOSER A LA MALADIE DES POMMES DE TERRE.

Bien des volumes ont été écrits sur la maladie des pommes de terres; ce qui en est resté d'applicable et de réellement utile peut se résumer en quelques lignes. Comme moyen préventif, le plus certain consiste à exposer au grand air, pendant quelques jours, les tubercules réservés pour la plantation, soit de printemps, soit d'automne; ils prennent une couleur verte et perdent leurs propriétés alimentaires, mais leur énergie vitale est doublée, et ils donnent naissance à des plantes robustes, capables de résister au fléau. Partout où ce procédé a été mis en usage, la maladie n'a pas été tout à fait domptée, mais elle a diminué sensiblement.

Il est également utile de reproduire pour la plantation les pommes de terre par le semis de leurs graines. Ces semis ne donnent, la première année, que des tubercules très-petits; mais, l'année suivante, ils ont leur volume normal, et les tubercules provenant de semis de la seconde génération résistent mieux que d'autres aux atteintes de la maladie. Il est facile à tout fermier qui cultive en grand la pomme de terre d'en semer un carré tous les ans, et d'en recolter assez de la seconde génération pour les besoins de sa culture. Il y gagnera doublement, car les pommes de terre rajeunies par la voie des semis sont toujours plus productives que les anciennes variétés sur lesquelles la graine a été récoltée.

Quant aux moyens curatifs à apporter à la maladie des pommes de terre, lorsqu'elle est déclarée, on ne peut en signaler que deux d'une efficacité réelle, quoique limitée. Le premier consiste à saupoudrer de chaux en poudre récemment éteinte les pommes de terre frappées d'un commencement de maladie. On choisit pour cette opération une matinée calme, avant que le soleil ait fait évaporer la rosée. Les pommes de terre chaulées ne sont pas toujours guéries radicalement, mais le mal est arrêté dans ses progrès, et la récolte des tubercules est plus saine et plus abondante que quand on n'a rien fait pour combattre la maladie,

Le second, dû à M. Tombelle-Lomba, de la province de Namur (Belgique), consiste à couper au niveau du sol les fanes des pommes de terre, dès qu'on y remarque les premiers symptômes de l'invasion de la maladie. Le sol est ensuite fortement comprimé avec le rouleau pesant, et on laisse les pommes de terre en place jusqu'à l'époque ordinaire de l'arrachage. La récolte des pommes de terre, ainsi traitée, est moins abondante qu'elle ne l'aurait été si la plante eût été épargnée par le fléau, mais les tubercules ne sont pas atteints par la maladie.

Dans les bons terrains et les bonnes années, les pommes de terre des variétés à l'usage de l'homme peuvent donner au delà de 250 hectolitres de tubercules par hectare, sauf les ravages de la maladie; un rendement de 200 hectolitres par hectare peut être considéré comme une moyenne facile à obtenir, quand la maladie est combattue et contenue par les moyens qui viennent d'être indiqués.

CHAPITRE II.

PLANTES ALIMENTAIRES POUR LES HERBIVORES DOMESTIQUES.

GRAMINÉES FOURRAGÈRES.

Les plantes cultivées par l'homme pour la nourriture des bestiaux n'ont pas moins d'importance en agriculture que celles qui servent directement à nourrir le genre humain. *Qui a foin a pain*, dit le proverbe ; la production des fourrages est la base de la production du fumier, et, l'on ne peut trop le redire, il n'y a pas de mauvaise terre avec du fumier ; sans fumier, il n'y en a pas de bonne. On ne peut pas produire trop de fourrage ; lorsqu'il abonde, on l'utilise en élevant un plus grand nombre de bestiaux, et, si l'on ne trouve pas toujours à vendre son foin, le bétail trouve toujours des acheteurs, car, selon la remarque de Matthieu de Dombasle, le bétail, c'est du foin qui prend des jambes pour se porter lui-même au marché.

Les plantes fourragères cultivées appartiennent en majeure partie à la famille des *graminées*. C'est donc la même famille de végétaux qui fournit à l'homme ses deux principaux aliments, le pain et la viande. Après les graminées, ce sont les *légumineuses* qui contiennent le plus de plantes fourragères ; ce sont les plantes de ces deux fa milles qui constituent, en presque totalité, les *prairies naturelles* et les *prairies artificielles*. On se sert de ces deux termes en raison de leur signification vulgaire, généralement comprise et acceptée; mais on fait observer qu'il n'y a pas, dans le vrai sens du mot, de prairie réellement *naturelle*, et que toute prairie permanente, étant créée et maintenue par l'industrie agricole, est plus ou moins artificielle.

Avant de traiter de la création et de l'entretien des divers genres de prairies naturelles ou artificielles et des pâturages temporaires ou permanents, il est nécessaire de prendre connaissance des plantes dont se compose le foin, en commençant par les *graminées*, qui sont en même temps les meilleures et les plus nombreuses entre les plantes fourragères.

Parmi les graminées, celles qui composent le bon foin appartiennent aux genres *pâturin*, *ivraie*, *avoine*, *fétuque*, *fléole*, *vulpin*, *agrostide*, *alpiste*, *houque*, *mélique*, *dactyle* et *flouve*.

Les genres *brôme*, *brize*, *chiendent* et *œgylops* fournissent en outre quelques bonnes graminées qui, sans être très-nourrissantes, tiennent cependant leur place dans le foin de bonne qualité.

PATURIN.

Les espèces du genre *pâturin* sont le foin par excellence. Les pâturins résistent mieux que toutes les autres graminées aux extrêmes du chaud et du froid, de la sécheresse et de l'humidité; ils repoussent plus touffus à mesure qu'ils sont coupés par la faux ou broutés par le bétail;

ils repeuplent par l'abondance de leur graine les prairies dégarnies par la mort des autres graminées qui périssent pour avoir été fauchées à un état de maturité trop avancé. Toutes ces graminées perdent en moyenne moins que les autres par la dessication; ce qu'elles contiennent de matière solide après leur dessèchement est très-riche en substances alimentaires pour les animaux herbivores domestiques, et l'on ne saurait trop favoriser leur multiplication. Au lieu de s'en rapporter, comme on le fait communément, aux semis naturels, rien n'est plus facile, pour le cultivateur soigneux de l'amélioration de ses prairies, que de récolter lui-même une petite quantité de graine des meilleurs pâturins, qu'il peut semer isolément, et dont les graines, récoltées à parfaite maturité, peuvent servir, soit à créer de nouvelles prairies, soit à repeupler d'anciennes prairies où dominent d'autres graminées d'une moindre valeur. Les espèces les plus recommandables du genre pâturin sont : le *pâturin commun*, le *pâturin des prés*, le *pâturin bulbeux*, le *pâturin des Alpes*, le *pâturin fertile* et le *pâturin annuel*.

Le *pâturin commun* et le *pâturin des prés* (*fig.* 1 et 2) prennent un très-grand développement; leur végétation est précoce, et, pourvu qu'on ne les fauche pas trop tard, ils donnent un foin de toute première qualité. Les prairies dans lesquelles les pâturins commun et des prés dominent sur les autres graminées sont toujours au nombre des meilleures, tant les prairies sèches que les prairies soumises à l'irrigation. Les autres pâturins sont appropriés aux terrains élevés et secs; ils y composent la meilleure herbe des prairies hautes, à faux courante, et des pâturages qui ne peuvent être fauchés. Le plus petit des pâ-

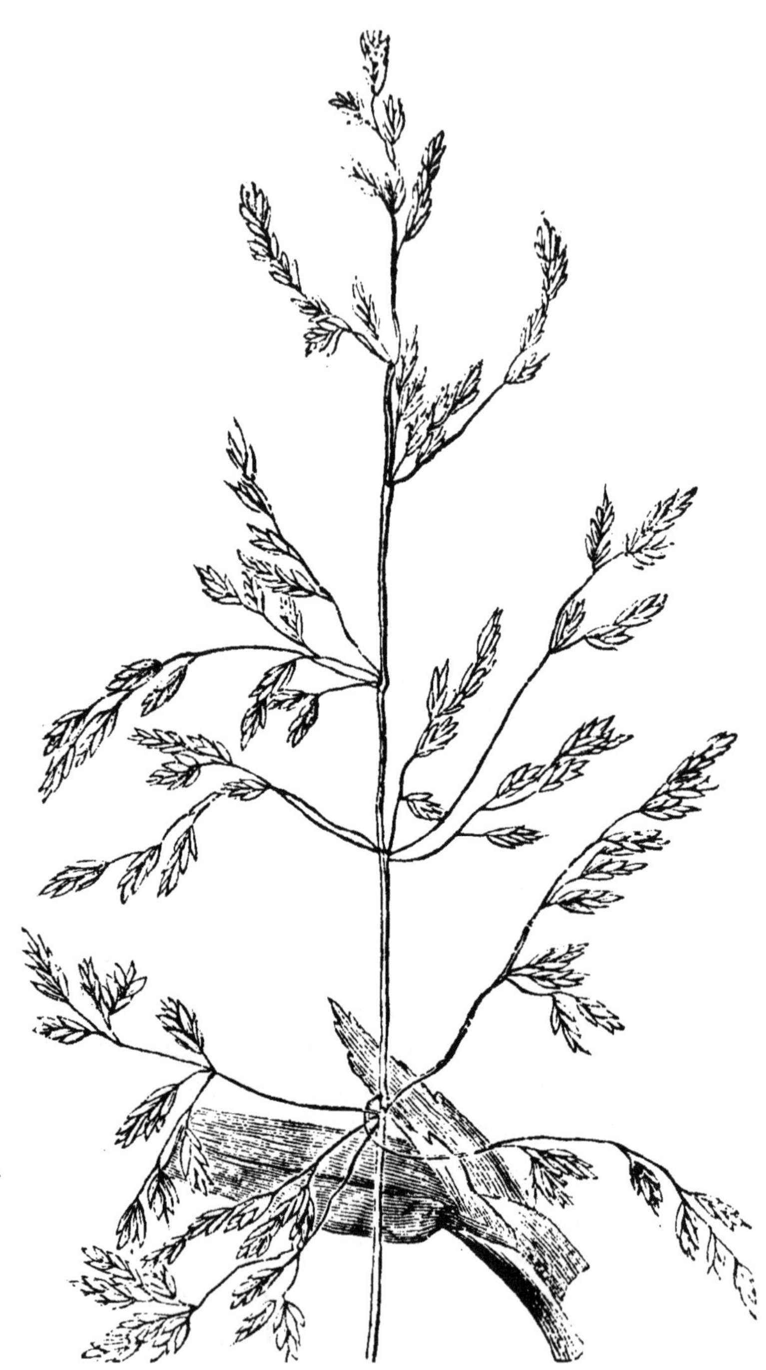

Pâturin commun. (Fig. 1.)

Pâturin des prés. (Fig. 2.)

turins, le *pâturin annuel* (*fig.* 3), qui donne une herbe courte, serrée, très-nourrissante pour les moutons, est l'une des plus répandues parmi les petites graminées ; c'est l'un des végétaux d'Europe les plus remarquables par la rusticité de leur tempérament.

Pâturin annuel. (Fig. 3.)

« C'est, dit un auteur moderne, cette graminée commune que l'on rencontre partout, dans les terrains incultes ou cultivés, dans les villes, les villages, le long des routes, dans les rues peu fréquentées, entre les pavés des cours, qu'il est d'ailleurs si difficile de détruire, qui ne cesse de se multiplier, quoique piétinée, broutée, arrachée. Elle ne craint ni les froids du Nord ni les chaleurs du Midi ; elle forme des touffes très-étendues, fleurit et fructifie en tout temps, même en hiver, lorsqu'il ne gèle pas ; elle offre le spectacle intéressant de la végétation luttant contre l'intempérie des saisons, contre tous les efforts de l'homme pour la détruire lorsqu'elle cesse de lui être utile; elle couvre en peu de temps d'une belle verdure les sols stériles et abandonnés. Si les longues sécheresses l'altèrent, les moindres pluies la raniment; si les neiges la recouvrent, après leur fonte, elle reparaît au milieu des frimats comme une tenture qui masque à nos regards la nudité de la terre; elle fournit aux troupeaux, malgré la rigueur de la saison, un pâturage d'excellente qualité. »

Il n'y a rien que de vrai, rien d'exagéré dans ce tableau, tracé par Poiret, des propriétés recommandables du pâturin annuel, qui, s'il n'est que la plus humble des graminées fourragères, n'en est cependant pas la moins utile. On fait remarquer que, bien qu'il meure après avoir porté graine, le pâturin annuel, se reproduisant toute l'année, sans interruption, par le semis naturel de ses graines, a les apparences d'une graminée vivace; il en a en réalité les propriétés quant aux pâturages à moutons. On admet aussi dans les prairies et les pâturages le *pâturin des bois* (*fig.* 4), propre aux lieux ombragés, et le pâturin fertile (*fig.* 5), qui doit son nom à l'extrême abondance de ses graines.

Les pâturins perdent en moyenne les deux tiers de leur poids par la dessiccation; la vigueur avec laquelle ils repoussent les rend surtout précieux pour le *regain*, ou seconde coupe des prairies naturelles. Cultivé séparément, le pâturin commun ne donne pas plus de 2,600 kilogrammes de foin sec par hectare; mais il donne 1,600 kilogrammes de regain : de sorte qu'une prairie exclusivement formée de pâturins communs et des prés, pourvu

Pâturin des bois. (Fig. 4.)

Pàturin fertile. (Fig. 5.)

qu'elle ne fût pas livrée au parcours des bestiaux, rendrait par an en foin et regain 4,200 kilogrammes de foin de toute première qualité.

IVRAIE.

L'ivraie, dont la présence dans les champs cultivés est un fléau pour les récoltes, et dont la graine mêlée au blé donne à la farine des propriétés malfaisantes, contient plusieurs espèces qui tiennent un rang distingué parmi les graminées fourragères. Les plus estimées sous ce rapport sont l'*ivraie d'Italie*, l'*ivraie vivace* et l'*ivraie rieffel*. En agriculture, on désigne habituellement les ivraies sous leur nom anglais de *ray-grass*.

Le *ray-grass d'Italie* (*fig.* 6) a pour propriété spéciale d'être essentiellement remontant; malheureusement, c'est une plante à végétation capricieuse, qui disparaît souvent sans qu'on sache pourquoi là où elle semblerait devoir prospérer. Quand elle réussit, elle est sans égale pour la création des prairies artificielles. On sème la graine de ray-grass d'Italie au printemps, soit seule, a raison de 40 kilogrammes de graine par hectare, soit à la dose de 30 kilogrammes en mélange avec 10 à 12 kilogrammes de graine de trèfle des prés ou de trèfle incarnat. Dès la seconde année, le trèfle disparaît et le ray-grass d'Italie reste seul : il peut, dans de bonnes conditions de sol, d'exposition et de fumure, durer 5 à 6 ans, et donner 3 à 4 coupes par an, sans être arrosé, pourvu qu'on ait soin de le faucher quand il commence à fleurir; fauché un peu trop tard, il remonte difficilement. Quand on peut arroser le ray-grass d'Italie et lui donner une fois ou deux par an une bonne

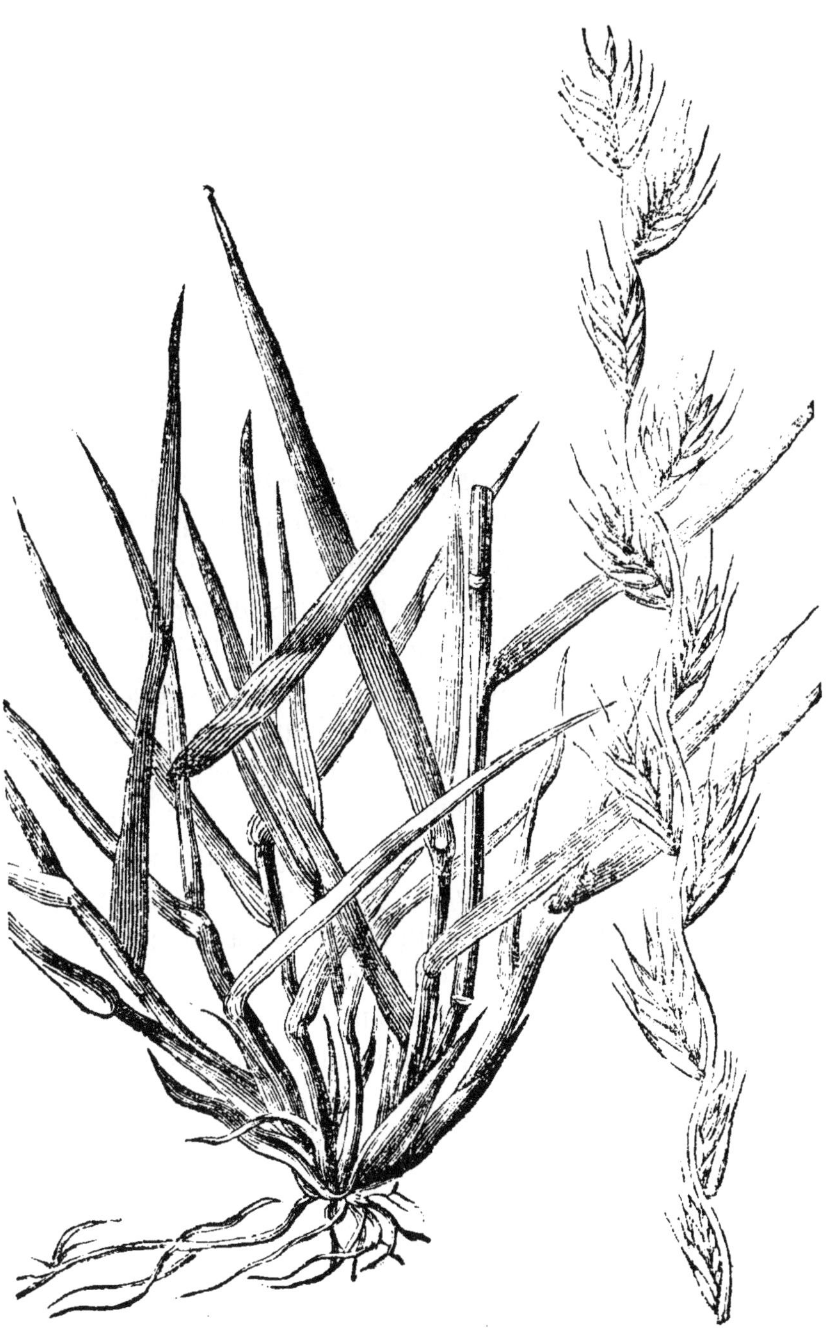

Ray-grass d'Italie. (Fig. 6.)

irrigation d'engrais liquide, on en peut obtenir jusqu'à 18,000 kilogrammes de fourrage sec par hectare en 7 à 8 coupes. L'ivraie d'Italie, sans irrigation, donne en moyenne 9,000 à 9,500 kilogrammes de foin sec par hectare. Son fourrage, frais ou sec, est très-nourrissant. C'est, d'après les observations de Matthieu de Dombasle, celle de toutes les graminées qui profite le plus vite et le plus complétement des engrais liquides, et qui, pour une quantité donnée de cet engrais, produit la plus forte somme de substance nourrissante pour le bétail.

L'une des meilleures espèces d'ivraie, le *ray-grass rieffel* (*fig.* 7), donne un fourrage grossier, mais sain, nourrissant, recherché des bestiaux; il possède la propriété de croître sans difficulté dans les terrains les plus maigres, sans craindre ni l'excès de l'humidité ni l'excès de la sécheresse. C'est une ressource des plus précieuses pour les terres où les autres plantes fourragères plus délicates ne réussissent pas. On sème le ray-grass rieffel à raison de 40 à 50 kilogrammes de graine par hectare, mieux en automne qu'au printemps. Le produit moyen est de 5,000 à 8,000 kilogrammes par hectare; on ne doit pas compter sur la seconde coupe, qui n'est jamais abondante, la première seule est d'une grande richesse.

L'*ivraie vivace*, plus connue sous le nom de *ray-grass d'Angleterre* (*fig.* 8), est presque aussi remontante que l'ivraie d'Italie. Elle donne plusieurs coupes abondantes quand on peut l'irriguer, et qu'on a soin de la faucher dès qu'elle commence à fleurir. On sème au printemps, à raison de 40 à 50 kilogrammes de graine par hectare; on récolte de 5 à 6,000 kilogrammes d'excellent foin.

L'ivraie vivace est aussi employée comme plante d'or-

Ray-gras Rieffel. (Fig. 7.)

Ray-grass d'Angleterre. (Fig. 8.)

nement pour la formation des pelouses dans les jardins paysagers. On la sème, dans ce cas, à raison de 90 à 100 kilogrammes par hectare. C'est le *gazon anglais* des jardiniers, qui forme toute l'année un admirable tapis de velours vert; mais il doit être fauché très-souvent, et il ne faut pas le laisser fleurir.

AVOINE.

En dehors des espèces et variétes cultivées pour leur grain, qui fait partie des céréales, le genre *avoine* contient plusieurs espèces fourragères, dont les deux meilleures sont l'*avoine des prés* et l'*avoine jaunâtre*. L'avoine des prés est vivace et très-productive dans les terres élevées et sèches, où elle sert de base à d'excellentes prairies; malheureusement, elle a le défaut très-grave de perdre par sa conversion en foin les trois quarts de son poids, de sorte qu'elle ne donne pas plus de 2,000 kilogrammes de fourrage sec par hectare : aussi est-il plus avantageux de l'associer à d'autres plantes qui conviennent aux mêmes terrains que de la semer seule. L'avoine des prés compense ce défaut par une qualité précieuse; elle végéte jusqu'aux premiers froids, les petites gelées n'interrompant pas sa végétation. Dans une prairie bien garnie d'avoine des prés, le bétail trouve à pâturer plus tard que partout ailleurs.

L'*avoine jaunâtre* (*fig*. 9), dont l'aspect extérieur diffère beaucoup de celui des autres avoines cultivées ou sauvages, possède à peu près les qualités de l'avoine des prés sans en avoir les défauts; elle ne perd pas au delà des deux tiers de son poids par la dessiccation, et donne de 3,000 à 3,500 kilogrammes de foin sec par hec-

Avoine jaunâtre (Fig 9.)

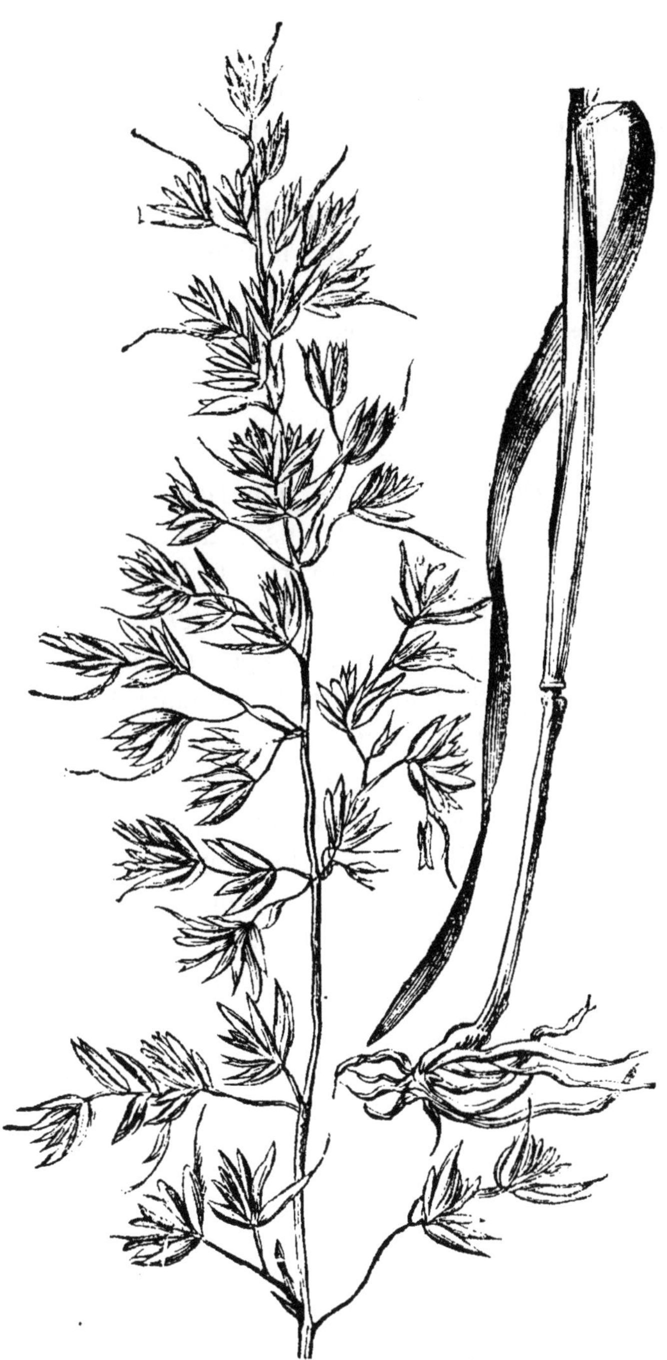

Arénathère ou fausse avoine. (Fig. 10.)

tare. Ces deux avoines, et quelques autres qui peuvent entrer dans la composition des bonnes prairies, doivent, quand on les sème séparément, être semées à la dose de 45 à 55 kilogrammes de graine par hectare. On confond souvent avec l'avoine jaunâtre la fausse avoine, dont le vrai nom est *arénathère* (*fig.* 10); les propriétés de ces deux plantes sont les mêmes.

FÉTUQUE.

Le genre *fétuque* est un des plus riches en graminées fourragères. Les espèces les plus avantageuses sont la *fétuque ovine*, la *fétuque durette*, la *fétuque rouge* ou *fétuque traçante*, et la *fétuque fausse ivraie*. La plus recherchée, à cause de son utilité spéciale, est la *fétuque ovine* (*fig.* 11), petite plante très-recherchée des moutons; elle s'établit et forme des touffes d'un gazon serré, très-favorable à l'engraissement rapide des bêtes à laine, sur des terrains si peu fertiles que peu d'autres plantes fourragères peuvent s'y maintenir à côté d'elle. Quand on sème isolément la fétuque ovine, c'est pour en obtenir dans ces conditions un pâturage qui dure de 8 à 10 ans plutôt que pour en former des prairies à faux courante. Quand on lui donne cette dernière destination, quoique l'herbe en soit très-courte, elle donne en moyenne près de 3,000 kilogrammes de foin sec par hectare, parce qu'elle est très-substantielle et qu'elle ne perd pas tout à fait les deux tiers de son poids par la dessiccation.

La *fétuque durette* (*fig.* 12), dans les prairies irriguées qu'on peut fumer de temps à autre, donne au delà de 9,000 kilogrammes de foin sec par hectare ; elle perd par

Fétuque ovine. (Fig. 11.)

Fétuque durette. (Fig. 12.)

Fétuque rouge
ou traçante.
(Fig. 13.)

la dessiccation près de la moitié de son poids ; on sème la graine de fétuque durette à raison de 30 à 40 kilogrammes par hectare.

La *fétuque rouge* ou *traçante* (*fig.* 13) est rarement admise dans la formation des prairies ; on l'emploie spécialement, en raison de la multitude de ses racines et de ses tiges souterraines, pour fixer les sables mouvants des dunes du bord de la mer : elle est éminemment propre à cette destination. Son rendement en fourrage, qui n'est jamais fort élevé, n'est considéré que comme accessoire ; il suffit qu'elle retienne le sable des dunes en le couvrant d'un gazon épais et serré.

Fétuque fausse ivraie.
(Fig. 14.)

La *fétuque fausse ivraie* (*fig.* 14) prend rang parmi les bonnes graminées des prairies naturelles ; quoique son foin soit un peu grossier, il est sain et nourrissant. La fétuque fausse ivraie n'est jamais semée seule ; on en mêle quelques kilogrammes par hectare aux autres graines de graminées fourragères, pour donner au foin du corps, du poids et de la consistance.

La *fétuque des prés* (*fig.* 15) et la *fétuque-roseau*, deux autres espèces également productives, peuvent donner jusqu'à 15 et même 18,000 kilogram-

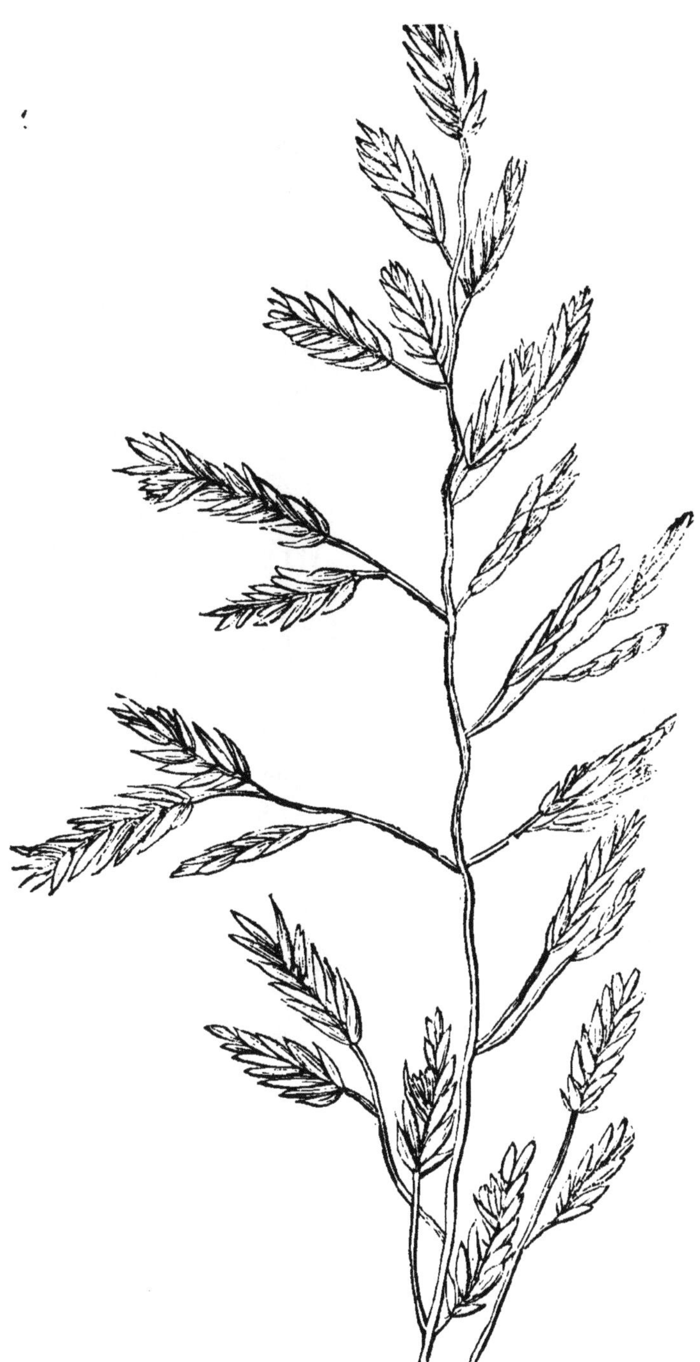

Fétuque des prés. (Fig. 15.)

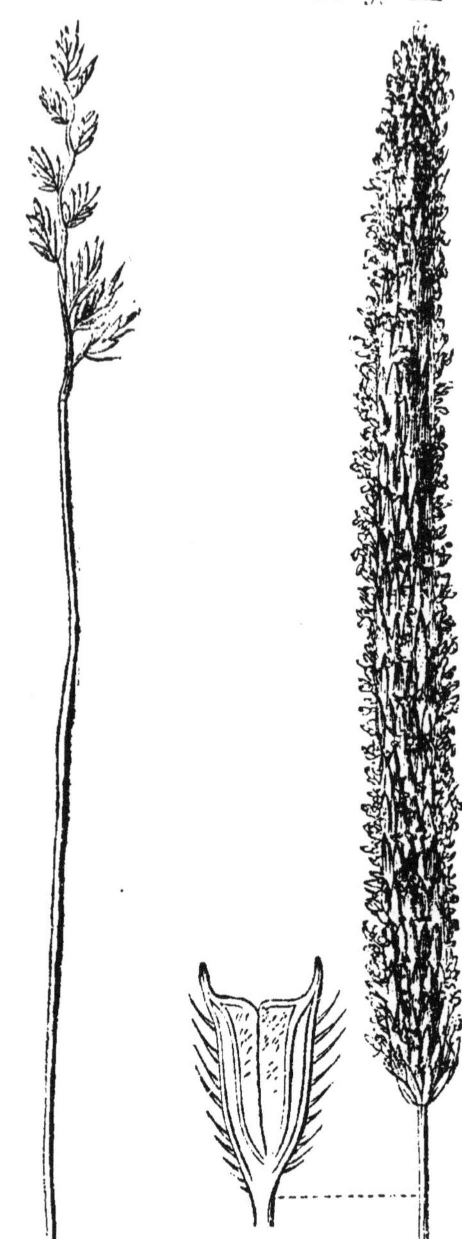
Fétuque à feuilles étroites. (Fig. 16.)

Fléole des prés. (Fig. 17.)

mes de foin sec par hectare; mais, c'est un fourrage grossier qui, lorsqu'il n'est point associé à celui des pâturins et des autres graminées de choix, ne constitue qu'un foin de qualité inférieure. Il en est de même de la fétuque à feuilles étroites (*fig.* 16), semblable, sauf les dimensions, à la fétuque ovine.

FLÉOLE.

Le genre *fléole* ne fournit aux bonnes prairies qu'une très-bonne espèce, la *fléole des prés* (*fig.* 17). Cette plante, qu'on sème isolément en Angleterre pour en former de grandes prairies, est d'une végétation capricieuse : tantôt

Fléole lisse. (Fig. 48.) Fléole hérissée. (Fig. 49.)

6

son rendement ne dépasse pas 6 à 7,000 kilogrammes par hectare, dans les circonstances les plus favorables en apparence; tantôt il dépasse 17,000 kilogrammes par hectare. Les Anglais, qui donnent à la fléole des prés le nom de *timothy*, regardent le foin de cette graminée comme le meilleur de tous pour la nourriture des chevaux. Dans le reste de l'Europe, de même qu'en France, on ne sème la fléole des prés qu'en mélange avec d'autres bonnes graminées; on en répand habituellement de 8 à 9 kilogrammes par hectare. La fléole des prés est souvent confondue avec la *fléole lisse* (*fig.* 18) et la *fléole hérissée* (*fig.* 19), qui lui sont fort inférieures comme plantes fourragères.

VULPIN.

De même que le genre fléole, le genre *vulpin* ne fournit aux bonnes prairies qu'une seule bonne espèce, le *vulpin des prés* (*fig.* 20), dont l'aspect extérieur offre beaucoup de ressemblance avec la fléole. C'est une des espèces les plus odorantes et les plus recherchées des bestiaux, mais il ne donne de bons produits que dans les terrains à la fois frais et fertiles; on peut alors en espérer de 6 à 7,000 kilogrammes de foin sec par hectare : dans les terrains médiocres et exposés à souffrir de la sécheresse, le vulpin des prés ne donne pas plus de 2,000 à 2,500 kilogrammes par hectare. Il ne doit donc être semé seul que dans les terrains qui lui conviennent le mieux, à raison de 18 à 20 kilogrammes de graine par hectare, ou la moitié de cette quantité, s'il est associé à d'autres plantes fourragères.

Le *vulpin genouillé* (*fig.* 21) et le *vulpin fauve* (*fig.* 22)

Vulpin des prés. Fig. 20. Vulpin genouillé. Fig. 21. Vulpin fauve. Fig. 22.

sont de beaucoup inférieurs au vulpin des prés, auquel ils ressemblent de loin.

AGROSTIDE.

Deux espèces du genre *agrostide*, l'*agrostide vulgaire* et l'*agrostide stolonifère* ou *traçante*, donnent un fourrage sucré, particulièrement recherché des chevaux. L'agrostide vulgaire (*fig.* 23) n'est utilisée en France qu'en mélange avec d'autres graminées. L'*agrostide traçante* est au contraire souvent semée seule; elle est surtout avantageuse pour former de bonnes prairies dans les terres fréquemment inondées, où peu d'autres bonnes graminées peuvent se maintenir : l'*agrostide traçante*, par la multitude de ses racines et de ses rejetons, s'empare de tout le terrain et étouffe toute végétation autre que la sienne. On en obtient depuis 4,000 jusqu'à 9,000 kilogrammes de foin sec par hectare; l'herbe en est courte et assez difficile à faucher, mais c'est un des meilleurs fourrages pour toute espèce de bestiaux. Les Anglais, avec un peu d'exagération cependant, accordent à l'agrostide stolonifère, qu'ils nomment *fiorin*, la préférence sur toutes les autres graminées fourragères.

ALPISTE.

Le genre *alpiste* fournit aux terrains argileux, humides, inondés et marécageux, une espèce très-digne d'intérêt, l'*alpiste-roseau*, qu'on sème rarement, mais qui se reproduit et se maintient d'elle-même dans les localités qui lui conviennent, et où elle étouffe promptement les autres gra-

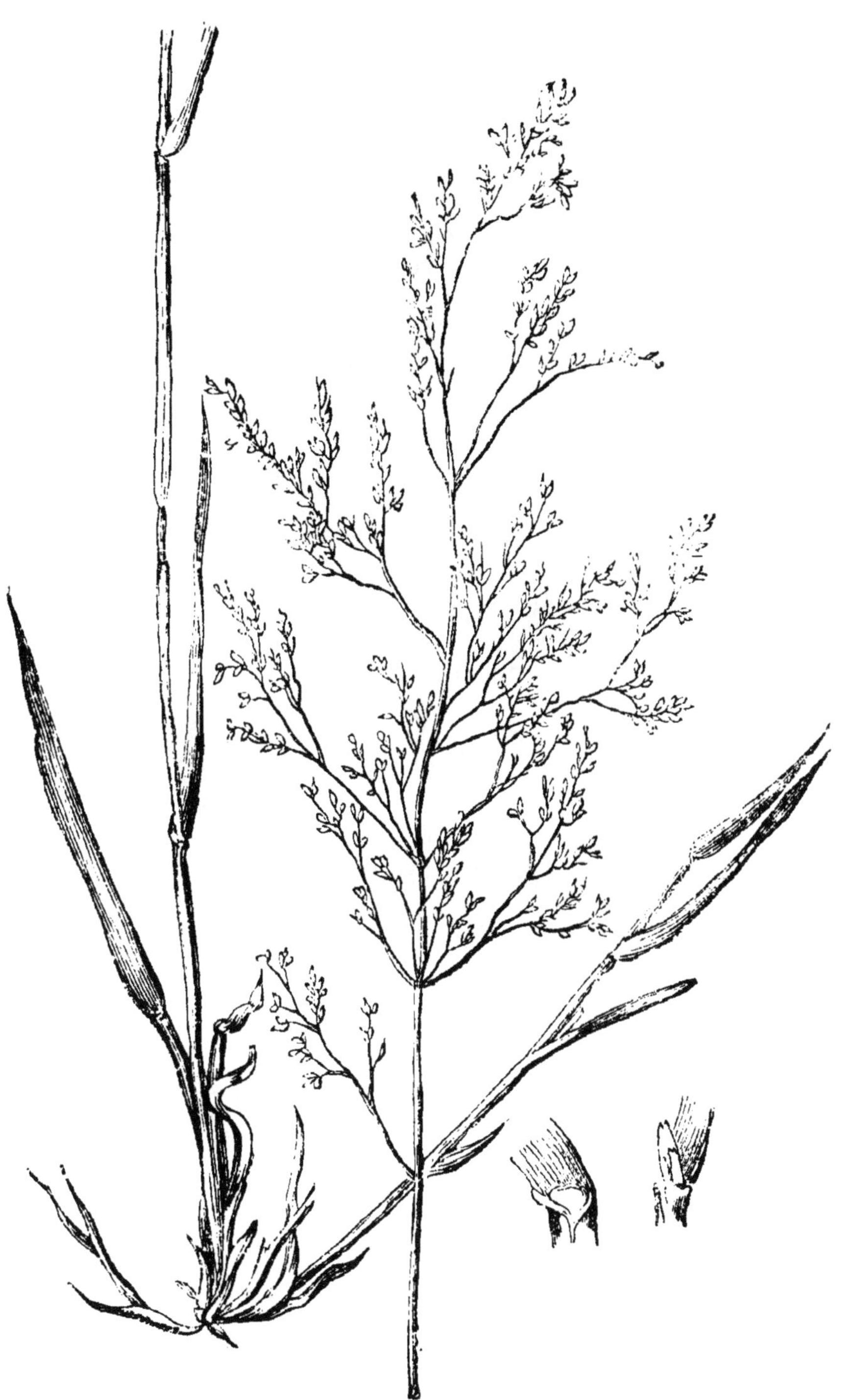

Agrostid evulgaire (Fig. 23.)

G*

Alpiste-roseau.
(Fig. 24.)

minées. L'*alpiste-roseau* (*fig.* 24) donne en trois coupes de 12 à 13,000 kilogrammes d'un foin grossier, mais fort recherché des bêtes à cornes. Quoiqu'elle ne croisse naturellement que dans les lieux humides, l'alpiste-roseau ne refuse pas de croître dans les terres sèches et arides; elle n'y donne pas plus de 5 à 6,000 kilogrammes de foin sec; mais ce foin convient très-bien aux vaches, et la plante, par ses racines, qui retiennent la terre, prévient les éboulements des pentes rapides, stériles et difficiles à gazonner. Sous tous ces rapports, l'alpiste-roseau peut rendre de grands services comme plante fourragère. Il ne faut la faucher que quand les épis sont à demi développés. On admet aussi dans les bonnes prairies l'*alpiste des Canaries* (*fig.* 25), espèce moins productive, mais de bonne qualité.

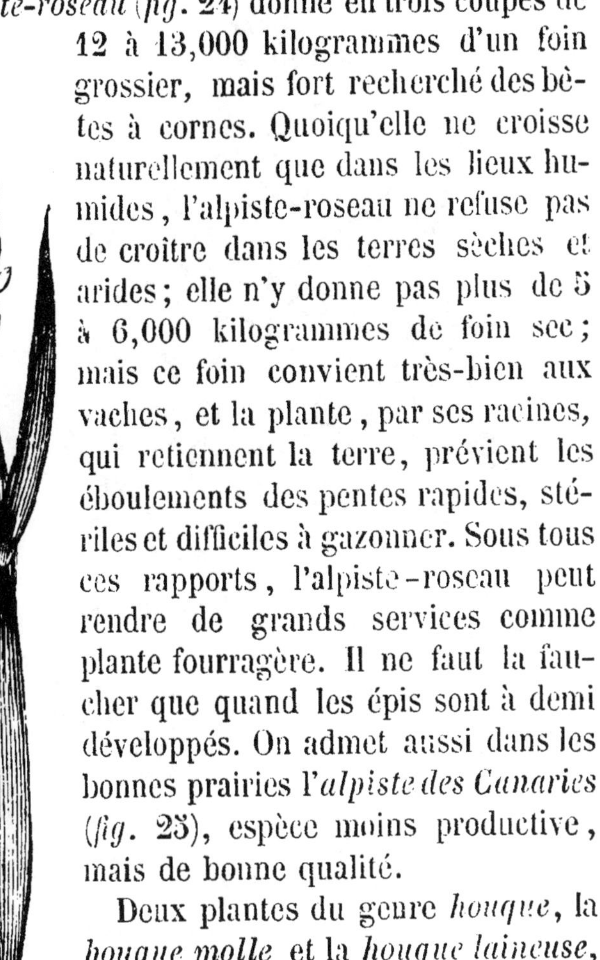

Alpiste des Canaries.
(Fig. 25.)

Deux plantes du genre *houque*, la *houque molle* et la *houque laineuse*, sont utilisées comme plantes fourragères, la première, pour les prairies en terre argileuse compacte, où elle ne donne pas moins de 14 à 15,000 kilogrammes de foin sec par hectare; la houque laineuse (*fig.* 26), pour les terrains siliceux, légers, peu ferti-

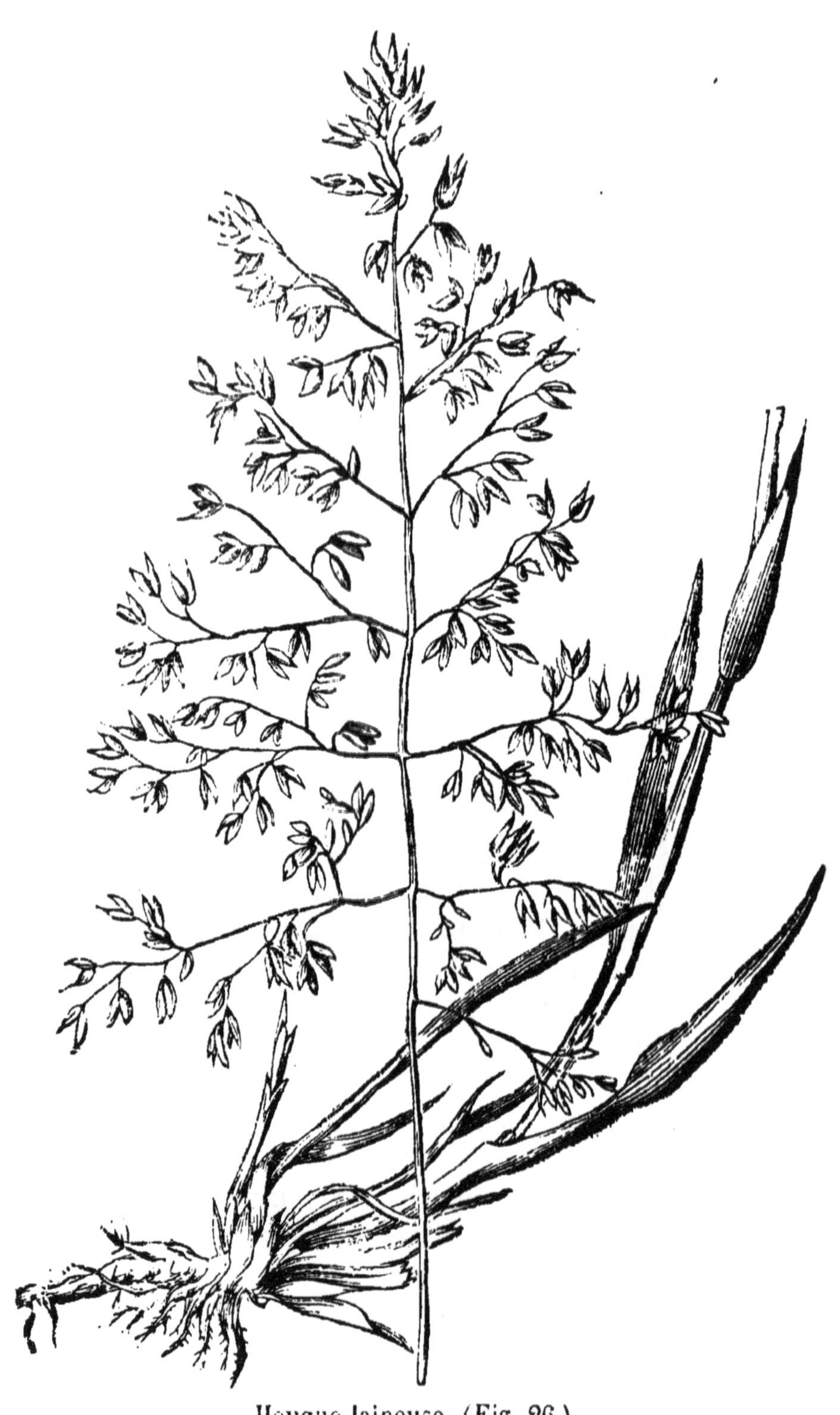

Houque laineuse. (Fig. 26.)

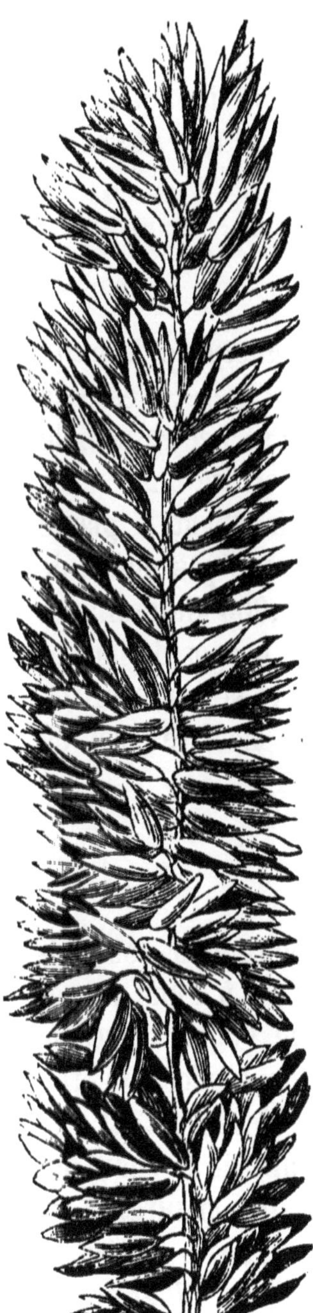
Mélique élevée. (Fig. 27.

les, où elle donne seulement 5 à 6,000 kilogrammes d'un fourrage sec qui n'est pas de première qualité, mais elle les donne là où il serait difficile de faire croître une autre plante fourragère : elle est surtout précieuse pour établir des prairies sur les terres de bruyères récemment défrichées. La houque molle et la houque laineuse sont également recherchées des bestiaux à l'état frais et à l'état sec.

MÉLIQUE.

Deux espèces du genre *mélique*, la *mélique ciliée* et la *mélique élevée*, prennent place dans les bonnes prairies. Leur fourrage n'est pas d'assez bonne qualité pour qu'on en fasse des prairies entières ; mais on les associe à d'autres graminées, surtout en raison de leur grande précocité, qui constitue leur principal mérite.

La mélique élevée (*fig.* 27) est très-nourrissante, à cause de son épi long et très-fourni; dans toutes les graminées, on sait que les feuilles et l'épi sont plus nourrissants que la tige.

On rencontre aussi dans les prés la *mélique penchée* (*fig.* 28) et la *mélique uniflore* (*fig.* 29), l'une et l'autre de qualité médiocre.

DACTYLE.

Une seule espèce du genre *dactyle*, le *dactyle pelotonné* (*fig.* 30), est utilisée comme plante fourragère; c'est une graminée rude, forte, dure, dont la tige séchée ressemble autant à de la paille qu'à du foin. On corrige un peu les défauts du foin de dactyle pelotonné en fauchant la plante quand elle commence à fleurir; il ne donne pas moins de 12 à 13,000 kilogrammes de foin et 4 à 5,000 kilogrammes de regain par hectare. Quand on juge à propos de former une prairie de dactyle pelotonné, il faut le semer à raison de 25 à 35 kilogrammes de graine par hectare, soit en mars, soit à la fin de septembre.

FLOUVE.

Le genre *flouve* est un des plus précieux pour nos prairies, à cause du parfum de son foin; c'est à l'une de ses espèces, la *flouve odorante*, qu'est due l'odeur agréable propre au foin de bonne qualité. La flouve odorante croît naturellement dans les terres sèches et élevées; c'est à sa présence qu'est due la qualité supérieure de la chair des moutons des Ardennes, qui vivent sur des pâturages où la flouve odorante abonde. Le foin des prairies hautes en est toujours suffisamment pourvu; quelques kilogrammes de grains de flouve répandus dans une prairie basse, où cette plante manque, améliorent la qualité de son foin, et

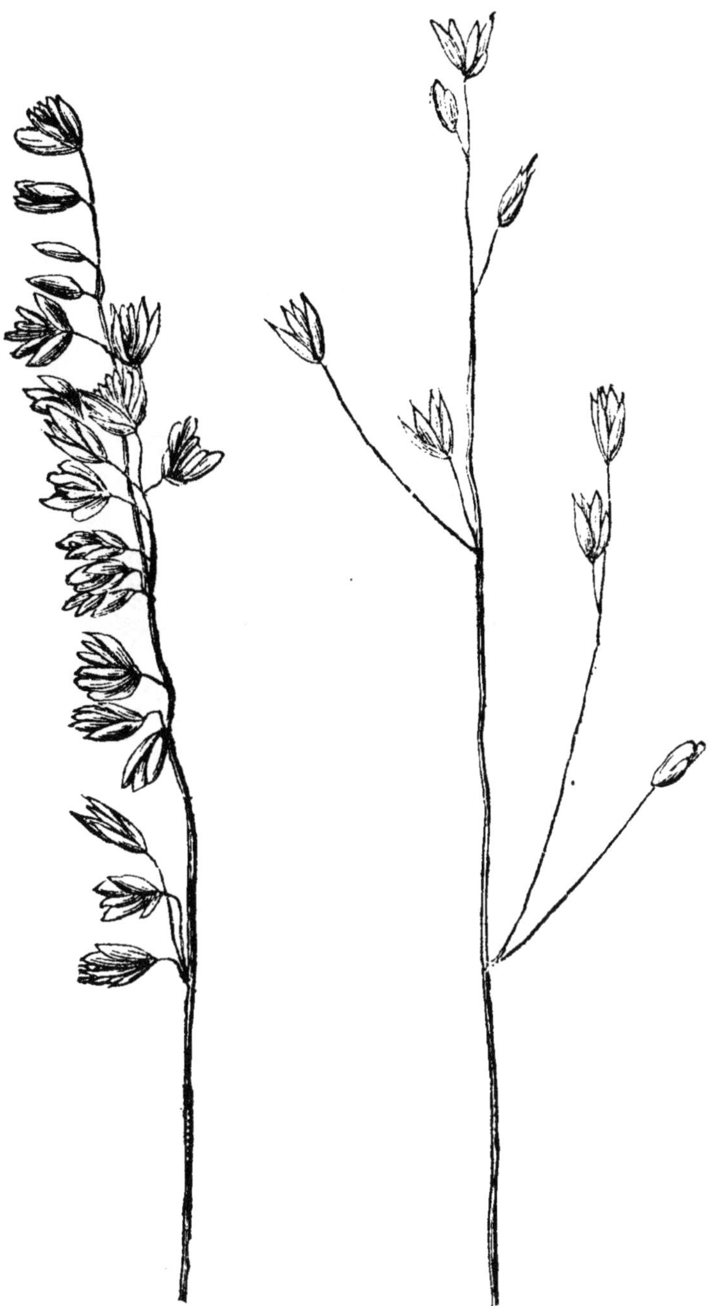

Mélique penchée. (Fig. 28.) Mélique uniflore. (Fig. 29.)

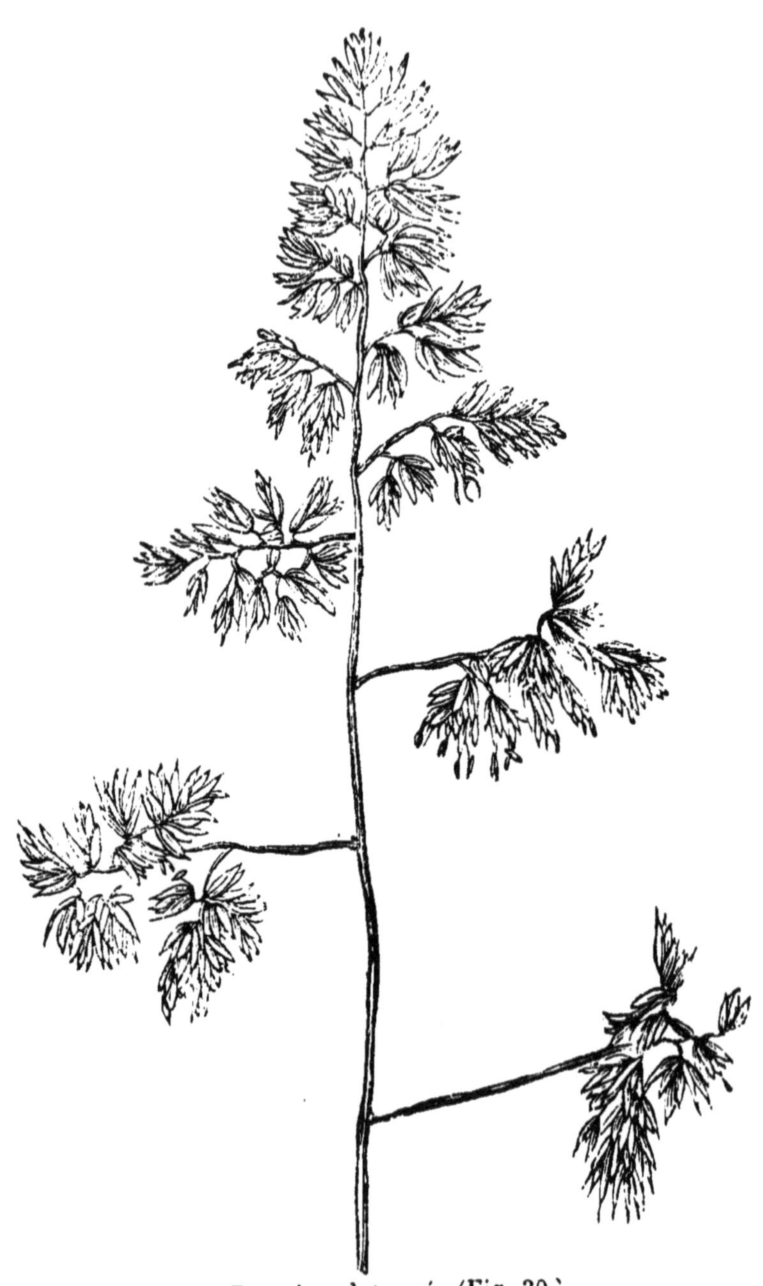

Dactyle pelotonné. (Fig. 30.)

le rendent agréable aux bestiaux. Les marchands de foin savent très-bien acheter du foin médiocre sans parfum, délier les bottes, mettre dans chacune une poignée de flouve odorante, refaire les bottes, et revendre le foin avec avantage, quand la flouve lui a communiqué son parfum. On en possède deux variétés, la *flouve odorante commune* (*fig.* 31), et la *flouve géante* (*fig.* 32). L'une et l'autre, comme plantes fourragères, ont le même défaut, celui de perdre par la dessiccation les trois quarts de leur poids; elles ne rendent pas au delà de 2,000 à 2,500 kilogrammes de foin sec par hectare. Néanmoins, tout fermier qui possède de grandes prairies naturelles fait bien de consacrer un espace limité à la culture isolée de la flouve odorante, afin de pouvoir s'en servir au besoin pour parfumer ceux de ses foins qui manquent d'odeur.

En dehors de cette revue des meilleures graminées fourragères, on utilise dans les terrains peu fertiles les bromes, dont le meilleur est le *brome dressé* (*fig.* 33), qui donne un fourrage rude et peu nourrissant, et qui ne se recommande que par son extrême rusticité.

Le genre **brize** fournit aux prairies la *brize moyenne* (*fig.* 34), la plus élégante et l'une des moins productives des graminées fourragères de notre pays. Enfin, dans les terrains pauvres et ingrats, on tire encore un certain parti de l'***ægylops***, dont une espèce, par les semis persévérants de ses graines, peut être convertie en froment, et du *chiendent*, qui, en dépit de sa mauvaise renommée, fournit un fourrage passable, là où l'on ne peut en obtenir de meilleur. La figure 35 représente la meilleure variété de chiendent qu'on peut utiliser comme fourrage.

Enfin, pour ne rien omettre parmi les plantes fourragères

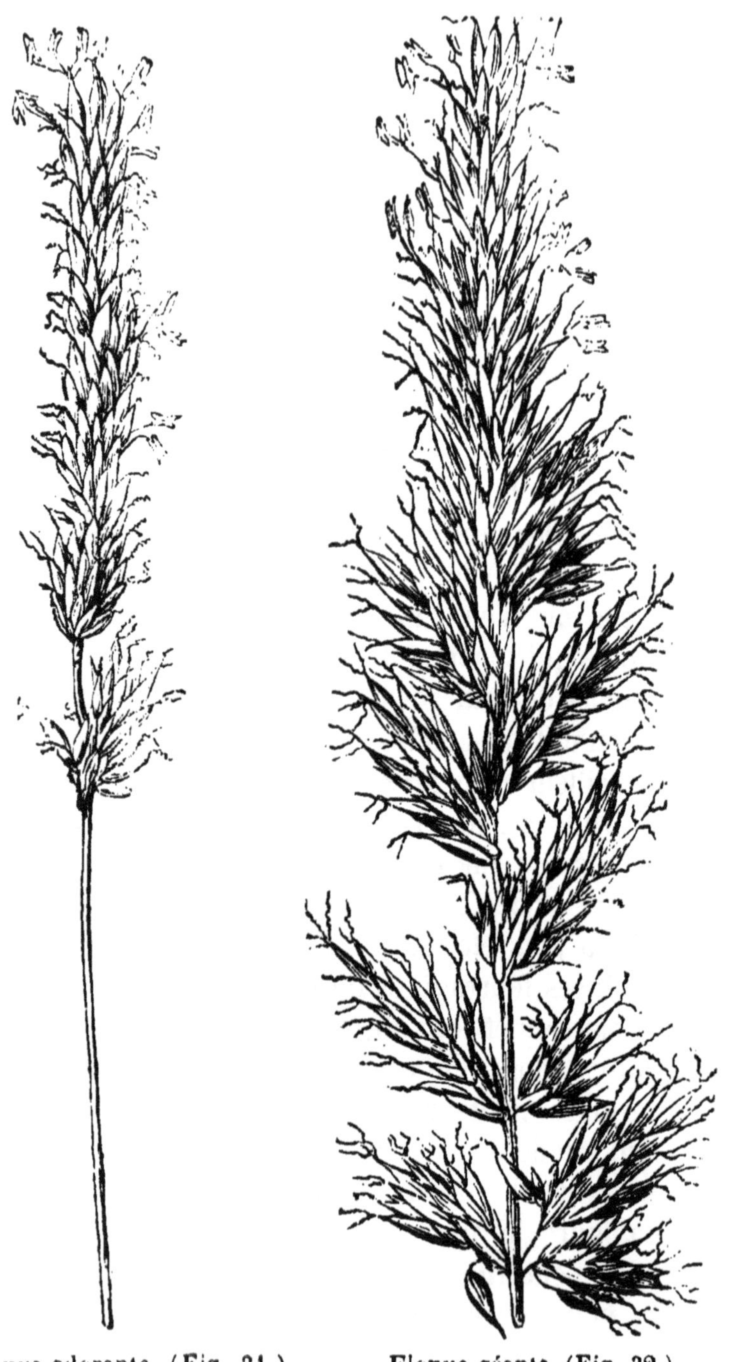

Flouve odorante. (Fig. 31.)   Flouve géante. (Fig. 32.)

Brome dressé. (Fig. 33.)

Brize moyenne. (Fig. 34.)

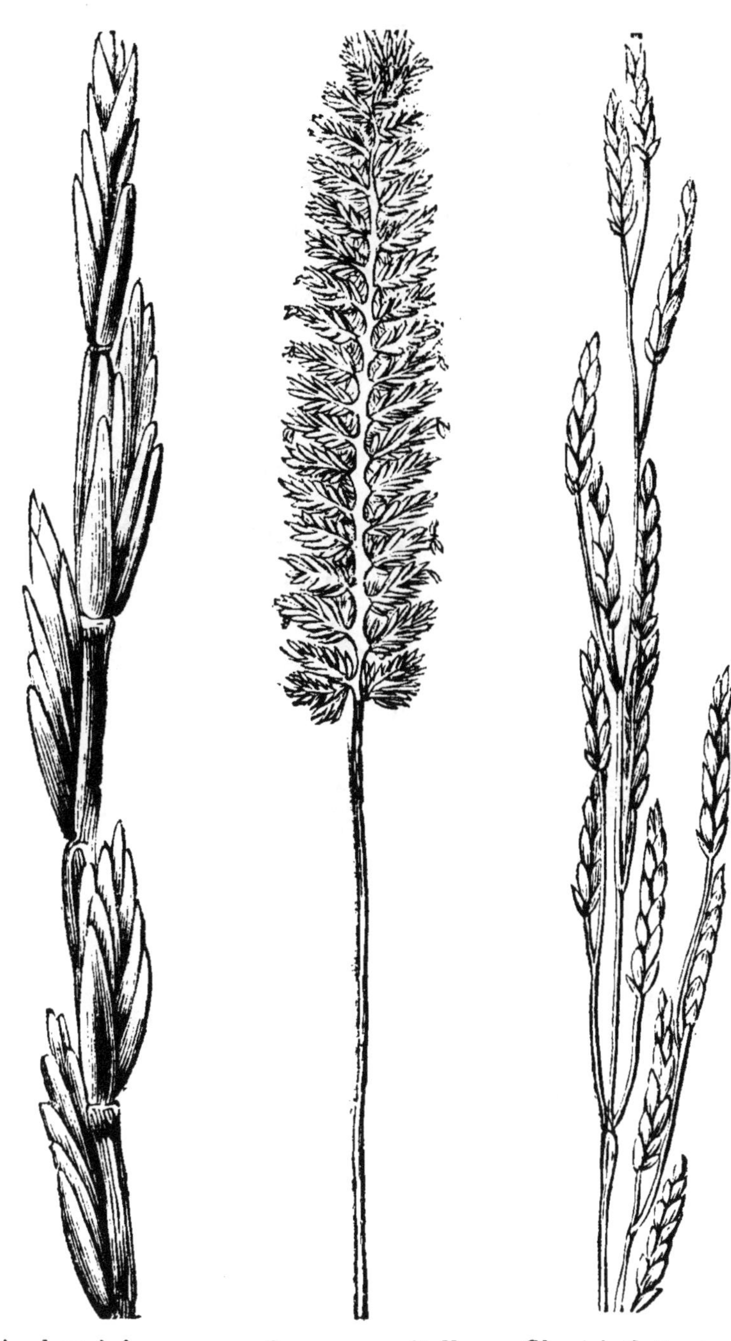

Chiendent à fourrage. (Fig. 35.)

Cynosure-crételle. (Fig. 36.)

Glycérie flottante. (Fig. 37.)

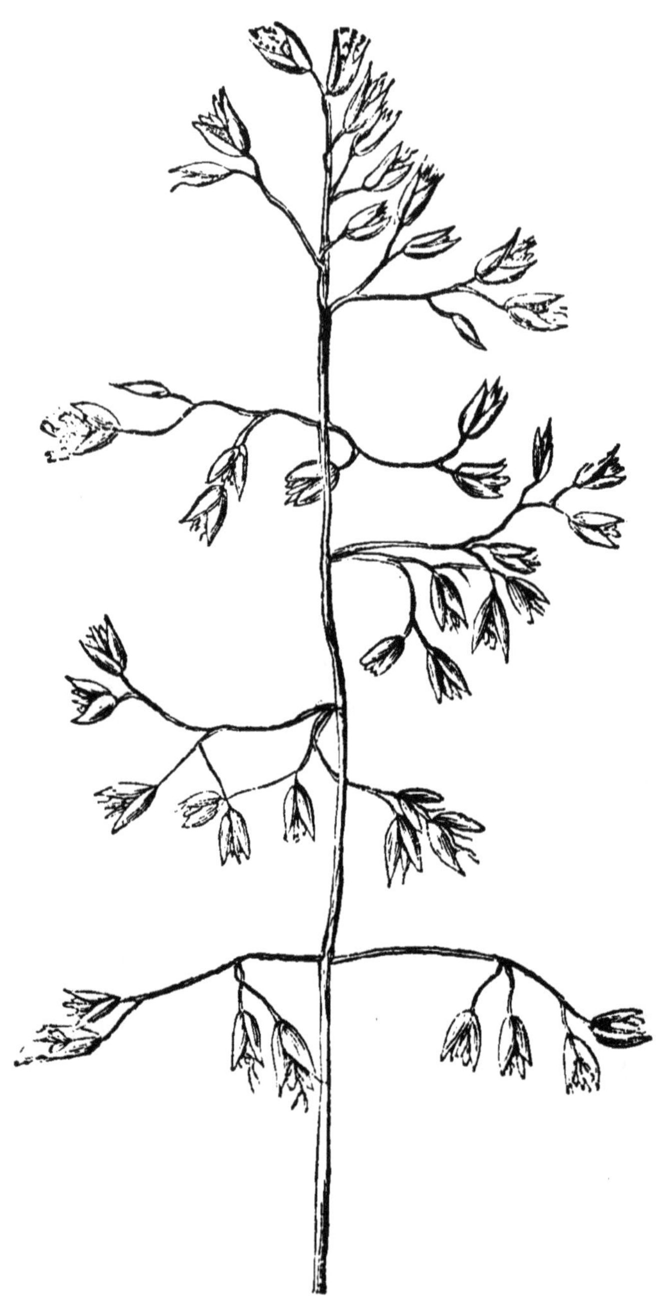

Hiérochloë boréale. (Fig. 38.)

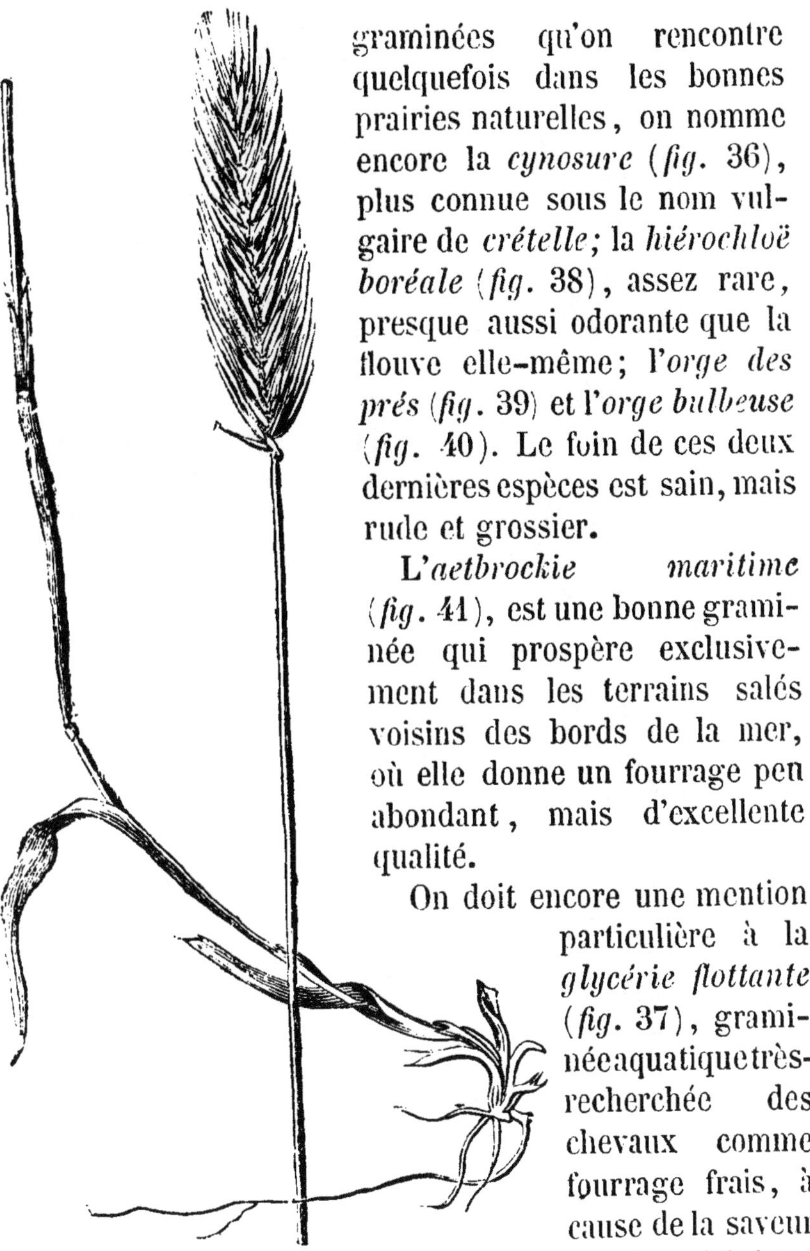
Orge des prés. (Fig. 39.)

graminées qu'on rencontre quelquefois dans les bonnes prairies naturelles, on nomme encore la *cynosure* (*fig.* 36), plus connue sous le nom vulgaire de *crételle*; la *hiérochloë boréale* (*fig.* 38), assez rare, presque aussi odorante que la flouve elle-même; l'*orge des prés* (*fig.* 39) et l'*orge bulbeuse* (*fig.* 40). Le foin de ces deux dernières espèces est sain, mais rude et grossier.

L'*aetbrockie maritime* (*fig.* 41), est une bonne graminée qui prospère exclusivement dans les terrains salés voisins des bords de la mer, où elle donne un fourrage peu abondant, mais d'excellente qualité.

On doit encore une mention particulière à la *glycérie flottante* (*fig.* 37), graminée aquatique très-recherchée des chevaux comme fourrage frais, à cause de la saveur sucrée qui lui est

Orge bulbeuse. (Fig. 40.)

Aetbrockie maritime. (Fig. 41.)

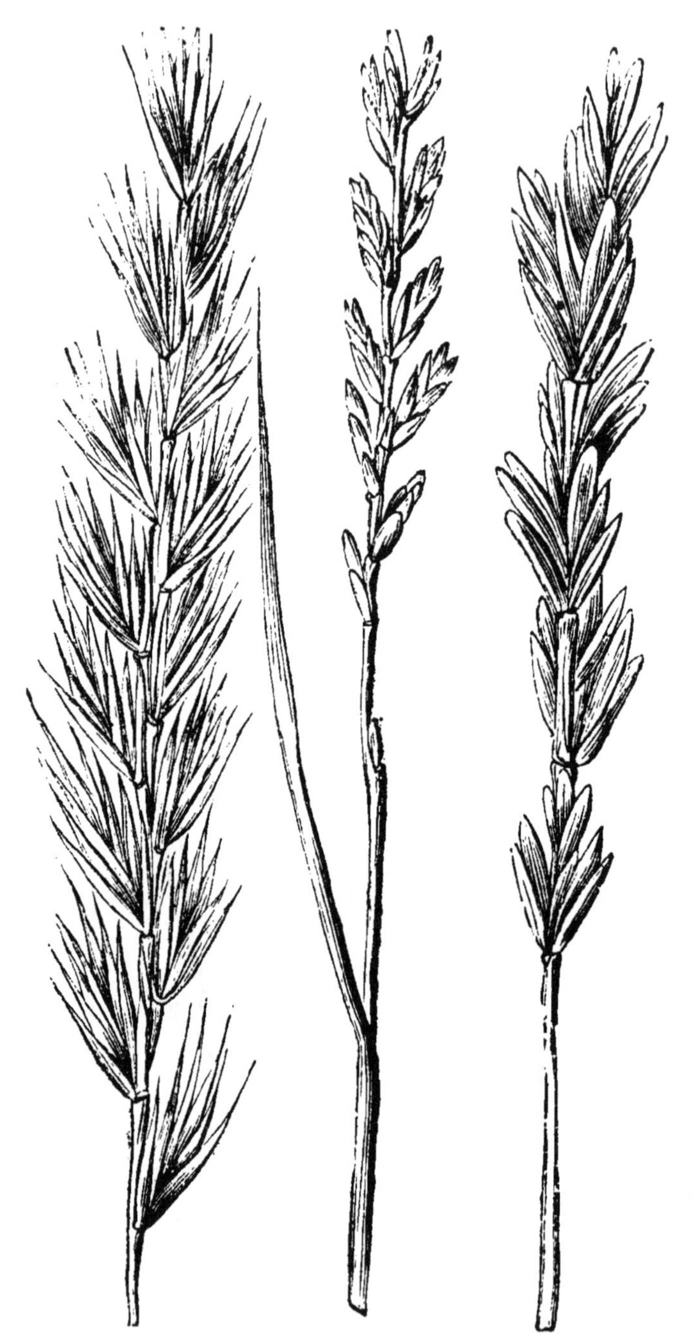

Chiendent littoral. (Fig. 42.) Chiendent à petites bractées. (Fig. 43.) Chiendent à fleurs obtuses. (Fig. 44.)

propre. C'est du reste un fourrage très-aqueux, qui perd les trois quarts de son poids par la dessiccation. Lorsqu'on sème la graine de glycérie flottante, soit sur le bord des eaux, soit dans les prés sujets à être fréquemment inondés, il faut avoir soin de semer très-clair, parce que ses racines souterraines ou *rhizomes* donnent une foule de rejetons qui ont besoin de beaucoup d'espace pour se développer librement. Il en est de même du chiendent littoral (*fig.* 42), du chiendent à petites bractées (*fig.* 43), et du chiendent à fleurs obtuses (*fig.* 44). Ces graminées *tracent* beaucoup et doivent être semées avec aménagement.

PLANTES FOURRAGÈRES LÉGUMINEUSES.

La famille des légumineuses fournit à l'agriculture européenne quatre plantes fourragères du premier ordre : *luzerne*, le *trèfle*, le *sainfoin* et la *vesce*.

La même famille de végétaux en contient plusieurs autres qui ont aussi leur importance pour l'alimentation des bestiaux : ce sont la *féverole*, le *pois*, la *serradelle*, le *mélinot* et la *gesse* ou *jarosse*. Toutes ces plantes sont cultivées isolément et donnent des coupes plus ou moins abondantes, sans être associées à d'autres plantes fourragères. Celles qui suivent ne sont utilisées qu'en mélange avec diverses graminées, pour constituer soit des prairies naturelles, soit des pâturages temporaires ou permanents, dont elles rendent l'herbe plus épaisse et plus nourrissante : ce sont la *vesce des haies*, la *vesce à bouquets*, l'*orobe tubéreux*, le *lotier corniculé*, le *lotier maritime* et la *coronille*. De toutes ces plantes fourragères légumineuses, les trois premières seules, la luzerne, le trèfle et le sainfoin, servent à constituer des prairies artificielles, dans le vrai sens de cette expression. C'est ce qui donne la mesure de leur importance agricole.

LUZERNE.

La luzerne (*fig*. 45), comme plante fourragère, est surtout précieuse en raison de deux propriétés qu'elle possède au degré le plus élevé : 1° elle repousse à mesure qu'on la fauche, et remonte sans interruption, du printemps à l'automne; 2° elle résiste aux sécheresses les plus prolongées.

Luzerne. (Fig. 45.)

Cette dernière propriété tient à la longueur des racines de la luzerne, qui s'enfoncent perpendiculairement dans la terre à une grande profondeur. Ces racines, lorsqu'une vieille luzerne est rompue après avoir occupé le sol pendant plusieurs années, se changent en un terreau abondant; aussi, la luzerne, partout où elle peut croître, est-elle considérée à juste titre comme une plante essentiellement améliorante.

La luzerne, originaire du nord de l'Afrique, a conservé le tempérament des plantes de son pays natal. Elle n'entre en végétation au printemps que sous l'influence d'une température douce, et elle cesse de végéter en automne, dès que la température se refroidit; ainsi, plus on avance vers le nord, moins les coupes de luzerne sont nombreuses et abondantes. Les prairies artificielles de luzerne ne sont réellement avantageuses que sous les climats chauds ou tempérés; en Belgique, leur produit est déjà fort inférieur à ce qu'il est dans la vallée de la Seine; au nord de la Belgique, la luzerne ne peut presque plus être cultivée avec bénéfice.

Le sol qui doit recevoir une semaille de luzerne doit être préparé par deux labours profonds donnés en automne. Quoique la luzerne prospère dans les terres argilo-calcaires de première classe, elle vient également bien dans toute autre nature de sol moins riche, pourvu qu'il soit suffisamment profond; un bon défoncement, quand les circonstances le permettent, assure le succès d'une semaille de luzerne. Cette plante craint le contact du fumier en fermentation; il vaut mieux la semer dans une terre fumée pour une autre récolte l'année précédente que de la fumer directement; si l'on prend ce dernier parti, on doit employer du fumier très-consommé. On sème à raison de 20 kilogrammes de graines par hectare, soit en automne, soit au printemps. Les semis d'automne sont les moins usités. On sème en octobre dans un seigle ou une orge d'hiver; ce procédé n'est d'un succès certain que dans celles de nos régions agricoles où il n'y a pas lieu de redouter des gelées tardives, que la jeune luzerne supporte difficilement. Le plus souvent, on sème la luzerne dans une céréale de printemps, de préférence dans une orge ou une avoine, quand ces céréales sont bien levées et que les froids tardifs sont passés; pour peu que le sol soit humide et bas, on doit retarder les semis de graine de luzerne jusque dans les premiers jours de mai. Dans les pays où les haricots nains sont traités en grande culture, on sème la luzerne encore plus tard, dans les haricots, à l'époque où ceux-ci reçoivent leur second binage. Bien abritée par l'ombre du feuillage abondant des haricots, la jeune luzerne s'établit dans le sol par de fortes racines, et végète vigoureusement aussitôt après l'enlèvement de la récolte de haricots.

Une luzerne bien établie, en bon terrain, peut durer de six à douze ans, et même au delà. Lorsqu'au bout de quelques années, une luzerne commence à se dégarnir, on lui donne de bonne heure, au printemps, deux hersages, l'un en long, l'autre en travers, avec une herse à dents de fer qui ameublit la surface du sol et arrache en même temps une partie du collet des plantes, ce qui leur fait donner une multitude de nouvelles pousses, de manière à couvrir de nouveau tout le terrain. Par la même opération, on déracine la mauvaise herbe vivace, et l'on mêle à la couche superficielle l'engrais pulvérulent qu'il faut donner à la luzerne, tous les deux ou tous les trois ans, pour soutenir sa fécondité. Les cendres de bois, de tourbe et de houille, et le plâtre pulvérisé, sont aussi très-favorables à la croissance de la luzerne. Cette plante a un ennemi dangereux, la cuscute, plante parasite qui, lorsqu'elle envahit un champ de luzerne, étouffe sa végétation sous ses mille filaments entrelacés, d'autant plus dangereux que la cuscute produit une grande quantité de graines qui la propagent rapidement. De tous les procédés indiqués pour délivrer la luzerne des étreintes mortelles de la cuscute, il n'y en a qu'un qui soit réellement efficace. On fauche la luzerne très-près de terre, on étend sur le sol une couche épaisse de paille, et l'on y met le feu. La chaleur détruit les propriétés germinatives des graines de cuscute tombées à terre, et l'on en est délivré pour longtemps. La luzerne repousse très-bien après cette opération.

Le produit d'une luzernière en bon terrain dépend beaucoup du climat : dans le nord de la France, on ne peut pas compter sur plus de 5 à 7 mille kilogrammes de fourrage sec par hectare; au sud de la vallé de la Seine, le produit moyen est de 8 à 12 mille kilogrammes par hectare. Il ne faut pas faucher la luzerne plus tard que sa pleine floraison; dès que la graine commence à se former, les tiges deviennent très-dures, et le bétail les mange difficilement.

Lorsqu'on désire récolter de bonne graines de luzerne, il ne faut pas la prendre sur la première coupe; on fauche celle-ci aussitôt qu'elle commence à fleurir, puis on laisse remonter, fleurir et grainer la seconde coupe. Toutes les plantes autres que la luzerne qui pouvaient se trouver dans la luzernière ont été fauchées avec la première coupe avant d'avoir porté graine; la graine de luzerne prise sur la seconde coupe est, pour cette raison, parfaitement pure et complétement exempte de mélange avec la graine de mauvaise herbe. Après avoir porté graine, une luzerne est ruinée; elle doit être retournée pour laisser la place libre à une autre culture.

TRÈFLE.

Le trèfle est celle des légumineuses fourragères dont la culture est le plus généralement admise dans toutes nos régions agricoles. Comme plante fourragère, il aurait l'avantage même sur la luzerne, à cause de la facilité avec laquelle il peut prendre place dans tous les assolements, s'il n'avait un défaut capital, celui de disparaître sans cause connue, et de refuser absolument de croître, même sur les terrains qui lui conviennent le mieux, quand on l'y sème à des intervalles trop rapprochés. L'agriculture dispose d'un assez bon nombre d'espèces et variétés de trèfle, toutes recommandables à divers titres. Les trèfles le plus répandus dans les cultures sont : 1° le *trèfle rouge*, aussi désigné sous les noms de *trèfle commun* et *trèfle des prés;* 2° le *trèfle hybride de Suède;* 3° le *trèfle incarnat* ou *farouche;* 4° le *trèfle blanc* ou *trèfle rampant*.

Trèfle rouge commun.
(Fig. 46.)

Le *trèfle rouge commun* (*fig.* 46) réussit à peu près partout, excepté dans les terres trop arides, où l'excès de la sécheresse peut le faire périr en été. La meilleure manière de le semer est d'en répandre la graine dans un seigle ou un froment d'hiver, dès les premiers beaux jours du printemps ; cette graine est du nombre de celles qui lèvent très-bien sans qu'il soit nécessaire de les recouvrir. La plante reste à peine visible sous la céréale; elle prend bientôt de la force après la moisson et peut être pâturée, quelquefois même fauchée avant l'hiver. On sait que le trèfle consommé sur place ou distribué à l'état frais aux bestiaux, lorsqu'il est mouillé par la pluie ou par la rosée, produit ce genre de gonflement nommé *météorisation* qui cause si souvent la mort du bétail; il ne faut le leur donner que quand il est suffisamment ressuyé. La dose de graine à employer varie selon la fertilité du sol; plus il est riche, plus on doit semer clair, puisque, dans ce cas, le trèfle forme de très-grosses touffes : la moyenne est de 6 à 8 kilogrammes pour les très-bonnes terres, et de 12 à 15 pour celles de seconde qualité, où le trèfle ne peut pas taller beaucoup. Il est plus avantageux de faire consommer le trèfle par le bétail à l'état de fourrage frais qu'à celui de fourrage sec ; la partie la plus nourrissante consiste dans les feuilles, dont une partie se détache et se perd pendant la dessiccation. Le foin de trèfle est néanmoins un fourrage sec de première qualité; on ne peut pas en espérer plus de 5 à 6,000 kilogrammes par hectare dans les meilleures terres, et 4 à 5,000 kilogrammes dans celles de seconde qualité.

Comme toutes les légumineuses, le trèfle profite largement d'une dose même faible de plâtre en poudre répandu le matin sur ses feuilles humides de rosée; partout où cet amendement n'est pas d'un prix trop élevé, 200 à 300 kilogrammes par hectare augmentent immédiatement le rendement du trèfle, et font rentrer le cultivateur dans ses avances avec grand bénéfice.

Le *trèfle hybride de Suède*, à fleur teintée de rose, presque blanche, convient particulièrement aux terres fortes, argileuses, naturellement très-humides; c'est la meilleure espèce de trèfle à semer dans les terres de cette nature sous les climats froids et humides; il végète avec une extrême rapidité. Quoique ses feuilles soient moins larges et moins nombreuses que celles du trèfle commun, le trèfle hybride est un excellent fourrage frais ou sec, dont le produit par hectare est à peu près le même que celui du trèfle rouge. Quoiqu'il soit encore peu cultivé en France, il peut rendre de grands services comme plante fourragère, là où le trèfle commun et la luzerne réussiraient difficilement.

Le *trèfle incarnat* ou *farouche* (*fig.* 47) ne se recommande que par une seule propriété, la précocité de sa végétation. C'est un des premiers fourrages qu'on puisse faucher au printemps, quand l'estomac des animaux est fatigué de la consommation exclusive et prolongée du fourrage sec. On ne fane presque jamais le trèfle incarnat pour le convertir en foin sec; à cet état, ce serait un fourrage médiocre, dur et peu nourrissant. On a introduit récemment une variété de farouche obtenue de semis, dont la fleur est blanche; cette variété est un peu moins précoce que celle à fleur rouge; son fourrage est plus abondant et de meilleure qualité : le farouche blanc n'est bon néanmoins, comme l'incarnat, que comme fourrage frais printanier; il est au-dessous du médiocre à l'état de foin sec.

Trèfle incarnat ou farouche. (Fig. 47.)

La graine de trèfle incarnat ne peut pas, comme celle du trèfle commun et celle du trèfle hybride de Suède, être répandue sur le sol sans autre façon préparatoire. On la répand en septembre sur le chaume d'une céréale, après avoir donné, soit un labour superficiel, soit deux hersages énergiques, l'un en long, l'autre en travers, pour que la semaille soit bien recouverte, sans quoi elle ne lèverait pas. Toutes les terres, à l'exception seulement des sols crayeux, tout à fait stériles, conviennent au trèfle incarnat, qui prospère partout, vient à peu près sans frais, et laisse le champ libre, soit pour une culture sarclée, soit pour des labours d'été, si l'on juge que la terre en a besoin; 10 à

12 kilogrammes de graine suffisent pour ensemencer un hectare.

Trèfle blanc ou rampant. (Fig. 48.)

Le *trèfle blanc* ou *trèfle rampant* (*fig.* 48) est rarement semé seul, ses tiges, même dans les bons terrains, sont trop courtes pour être fauchées. Mais, comme ce trèfle possède la propriété de supporter également bien les deux extrêmes d'une excessive sécheresse et d'une humidité surabondante, il est précieux pour créer, sur des terrains peu fertiles, de bons pâturages à moutons, en l'associant à de bonnes graminées, et c'est sa destination habituelle; il sert aussi à rendre plus fournie et plus substantielle l'herbe des prairies naturelles en sol médiocre. On répand à cet effet de bonne heure, au printemps, 5 à 6 kilogrammes de graine de trèfle blanc par hectare.

Sainfoin. (Fig. 49.)

SAINFOIN.

Le *sainfoin* (*fig.* 49) n'a pas son égal parmi les plantes fourragères, sous deux rapports très-importants: il réussit dans les terres graveleuses, très-calcaires, auxquelles sans lui on ne pourrait demander aucune espèce de fourrage; il fait passer en quelques années les terres à seigle au rang des terres à froment. La graine du sainfoin, enfermée dans une cosse rude extérieurement, doit être semée sur le sol sans aucune façon préalable et sans avoir été écossée; elle lève parfaitement, bien qu'elle ne soit pas enterrée.

On sème au printemps, à raison de 3 à 4 hectolitres par hectare, ce qui ne représente pas plus de 120 à 160 litres de graine séparée des siliques qui la contiennent. Dans les bonnes terres, le sainfoin forme d'excellentes prairies artificielles qui durent plusieurs années et donnent une coupe très-abondante au printemps et une coupe de regain assez faible en automne. Le regain de sainfoin est fort recherché des moutons, auxquels il convient mieux que tout autre fourrage ; mais on ne doit faire pâturer sur place, en automne, un regain de sainfoin que quand la plante a fait son temps et qu'elle doit être retournée. Un sainfoin encore jeune et en bon terrain est ruiné quand les moutons y ont passé.

On possède sous le nom de *sainfoin à deux coupes* une sous-variété de sainfoin qui se recommande par l'abondance de son regain, mais elle ne remonte franchement que dans les très-bonnes terres ; dans un sol médiocre, le sainfoin à deux coupes rentre dans les conditions de l'espèce commune. Le plâtre, à la même dose que pour le trèfle, est l'amendement par excellence pour activer la végétation du sainfoin, particulièrement dans les terrains pauvres en principes calcaires.

Quand on retourne un sainfoin épuisé, ses racines, qui entrent immédiatement en décomposition, améliorent tellement la couche cultivable qu'elles rendent possible et avantageuse la culture du froment dans des terres qui précédemment n'avaient pu produire que du seigle. Ces terres, pourvu que la culture du sainfoin y revienne périodiquement, à d'assez longs intervalles, conservent à perpétuité la faculté de produire du froment; aucune plante fourragère autre que le sainfoin ne possède la propriété de faire subir aux terres à seigle cette heureuse transformation en terres à froment.

VESCE.

La grande culture n'admet généralement en France que deux espèces du genre *vesce*, la *vesce de printemps* et la *vesce d'hiver*; la première annuelle, la seconde bisannuelle, l'une et l'autre classées parmi les fourrages annuels qu'on ne fauche qu'une fois. La *vesce de printemps* (*fig.* 50), est la plus cultivée; on la sème en mars dans un sol préparé comme pour une culture de froment de printemps; elle ne réussit bien que dans les terres à la fois fortes et fertiles. Elle donne une coupe abondante, d'un fourrage très-nourrissant, qui doit être fauché quand les cosses déjà pleines de grains

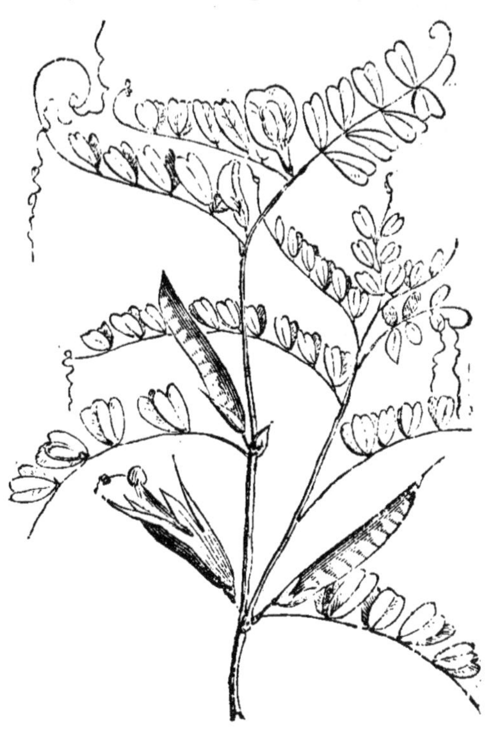

Vesce d'hiver. (Fig. 50.)

encore verts succèdent aux fleurs. Ce fourrage très-nourrissant ne doit être distribué aux bestiaux qu'avec une grande circonspection; pris en trop grande quantité à la fois, il leur donne de cruelles indigestions.

La *vesce d'hiver*, qu'on sème en automne dans une terre qui a reçu les mêmes façons que pour une semaille de céréale d'hiver, se plaît dans un sol fertile, mais plutôt léger que fort, et exempt d'un excès d'humidité. Semée dans les terres fortes qui conviennent à la vesce de printemps, la vesce d'hiver ne résiste pas toujours aux gelées sous le climat du centre de la France, tandisque, semée en terre légère, elle ne gèle jamais. Comme fourrage, ses propriétés ne diffèrent en rien de celles de la vesce de printemps.

On mentionne en outre, mais seulement pour mémoire, la *vesce à gros fruits*, du nord de l'Afrique, et la *vesce velue*, dont les tiges peuvent s'élever jusqu'à 2 mètres; ces deux espèces, d'introduction récente en France, n'ont pas encore fait leurs preuves ; leur valeur comme plantes fourragères et les avantages de leur culture sur notre territoire ne peuvent pas encore être appréciés. Toutes les espèces et variétés de vesces, soit d'hiver soit de printemps, doivent être semées à raison de 220 à 260 litres de grains par hectare.

PLANTES LÉGUMINEUSES FOURRAGÈRES DE SECOND ORDRE.

Cette série comprend : 1° la *féverole* ou *fève à cheval;* 2° les *pois-fourrages;* 3° la *gesse* ou *jarosse;* 4° le *mélilot;* 5° la *serradelle.*

La *féverole*, très-estimée des cultivateurs du nord de la France, qui l'admettent régulièrement dans leurs assolements, est presque inconnue dans plusieurs de nos départements où elle pourrait rendre le plus de services à l'agriculture. Comme culture préparatoire à celle du froment, la féverole est égale à la fève, dont on a signalé les avantages sous ce rapport (p. 60); comme plante fourragère, elle est également utile par sa graine et par ses tiges, le meilleur des fourrages pour les chevaux qui supportent de rudes fatigues, et qui deviendraient promptement poussifs s'ils mangeaient trop de foin.

A Paris, la féverole concassée, mêlée à l'avoine par parties égales, entre habituellement dans la ration journalière de tous les chevaux de voiture. On cultive plusieurs sous-variétés de féverole, dont une seule mérite d'être mentionnée : c'est la féverole d'hiver, plus rustique que l'espèce commune; on peut la semer en automne, à la même époque que les céréales d'hiver. On sème la féverole commune au printemps, depuis la fin de février jusqu'au 15 avril, à raison de 2 hectolitres par hectare. Lorsqu'on peut la semer en lignes, soit à l'aide du semoir-brouette, soit à la main, il est facile de lui donner un ou deux binages, qui favorisent singulièrement sa croissance. Quand la féverole est cultivée principalement pour ses tiges, on la fauche au moment où les sommités sont encore fleuries et où les cosses du bas de la tige sont déjà remplies de petites fèves à demi formées. On la lie en bottes qu'on laisse sécher debout, en moyettes, sur le champ qui les a produites, avant de les mettre en meules ou en grange pour les conserver. C'est un fourrage très-nourrissant, qu'il faut distribuer avec précaution aux bestiaux, en l'associant à d'autres moins substantiels. Si la culture de la féverole a pour objet principal la production de la graine, la quantité de grains de semence et les soins de culture restant les mêmes, on ne fauche que quand les cosses deviennent d'un noir violet, indice de la maturité du grain. Dans le Nord et le Pas-de-Calais, on sème souvent la féverole à raison de 150 litres seulement par hectare, mêlée à 50 litres de grande avoine blanche. Les deux plantes mûrissent leur grain à la même époque. Après le battage, on passe le mélange au crible à trous allongés, qui sépare l'avoine et isole les féveroles. La paille d'avoine hachée avec les tiges des féveroles battues forme un excellent fourrage, très-économique, également accepté de tous les bestiaux. Dans les bonnes terres, la féverole semée seule rend de 16 à 20 hectolitres de grain par hectare; le mélange de féveroles et d'avoine donne en moyenne 12 à 15 hectolitres de féveroles et 8 à 10 hectolitres d'avoine.

POIS-FOURRAGE

On en connaît plusieurs variétés, dont la plus avantageuse est le *pois commun à fleur violette*, à très-longues tiges, à grain gris, connu sous le nom vulgaire de *bisaille*. La place de ce pois est en tête de l'assolement, sur la fumure destinée à la récolte de céréale qui doit suivre. On sème en mars, à la volée, à raison de 200 à 250 litres par hectare; la plante végète rapidement, et peut être fauchée de bonne heure. Il faut couper le pois-fourrage quand les cosses sont pleines de pois à demi formés; on en laisse mûrir complétement une partie afin d'avoir à récolter des pois pour semence; ils ne rendent guère que 10 à 12 hectolitres par hectare, mais ceux qu'on a cultivés exclusivement pour leurs tiges donnent un fourrage abondant, très-substantiel, qui laisse de bonne heure la terre libre pour recevoir les façons préparatoires que réclament les cultures suivantes. Comme préparation aux semailles de froment d'hiver, le pois-fourrage n'est pas de beaucoup inférieur à la féverole.

GESSE.

La *gesse commune* est à la fois fourragère et alimentaire pour l'homme; son grain, analogue au pois gris, mais plus aplati, n'est presque pas mangeable à cause de la dureté de son écorce; néanmoins, dans plusieurs départements du Centre et de l'Ouest, on le mange sous forme de purée; c'est un aliment grossier, mais à bas prix, et qui n'a rien de malfaisant. On sème la gesse commune à raison de 150 litres de grain par hectare; elle donne un fourrage printanier analogue à celui de la vesce-fourrage, recherché de tous les bestiaux.

On cultive aussi, comme fourrage seulement, une espèce de gesse fort différente de la précédente, qui porte, selon les pays, les noms vulgaires de *gesse chiche*, *pois cornu*, *jaras* et *jarosse*; ce dernier nom est le plus usité. On sème la jarosse au printemps, comme la gesse commune, en mars, à raison de 150 litres de grain par hectare; son fourrage est aussi bon que celui de la vesce. Mais, il faut bien se garder de faire usage de son grain; la farine de jarosse, mêlée, même à faible dose, à la farine de froment et de seigle, sans donner au pain aucun mauvais goût, lui communique des propriétés malfaisantes.

La presse périodique a fait connaître, il y a quelques années, le procès d'un grand propriétaire des Deux-Sèvres, qui avait rendu paralytiques plusieurs de ses ouvriers, en les nourrissant de pain de farine de jarosse mêlée à la farine de seigle ; il fut condamné à leur servir des pensions alimentaires. Il est d'autant plus nécessaire d'être prévenu de ce danger que la jarosse ne décèle son principe nuisible par aucune saveur désagréable.

MÉLILOT.

Malgré les recommandations de plusieurs agronomes célèbres qui, depuis près d'un siècle, ont préconisé le mélilot de Sibérie comme plante fourragère de premier mérite, cette plante n'a pris place dans les cultures que sur un point de notre territoire, dans le Loiret, où sa culture commence à se propager. C'est la même légumineuse qu'à diverses reprises on a vantée outre mesure sous le nom de *trèfle de Bockhara*. Si le mélilot de Sibérie n'a pas tenu ce qu'on en espérait, c'est que, généralement, il n'a pas été bien cultivé. Lorsqu'on le sème clair, même dans un sol médiocre, il donne des tiges qui s'élèvent jusqu'à deux mètres ; mais ces tiges sont dures, à moitié ligneuses, il est difficile de les faire accepter par les bestiaux. Semé serré, le mélitot de Sibérie donne un fourrage moins élevé des tiges plus minces, et si, sauf à avoir une coupe un peu moins abondante, on a soin de le faucher dès qu'il commence à fleurir, on en obtient un fourrage aromatique également bon en vert et en sec, et consommé avec plaisir par tous les bestiaux. On sème la graine de mélilot de Sibérie en mars et avril, à raison de 12 à 15 kilogrammes par hectare; le fourrage de mélilot est une ressource du plus grand prix pour la nourriture des moutons; l'arome de ce fourrage les préserve efficacement des atteintes de la cachexie aqueuse, vulgairement nommée *pourriture.*

SERRADELLE.

Dans tous les départements où il y a des terres incultes à mettre en valeur, la *serradelle* ou *pied-d'oiseau* (*fig.* 51) est appelée à rendre les plus grands services. Beaucoup de cultivateurs ont abandonné la serradelle après l'avoir essayée dans des terres fortes, riches, fertiles, qui ne lui conviennent pas; c'est la plante fourragère par excellence pour les terrains siliceux, légers et maigres, mais suffisamment profonds. On la sème de bonne heure au printemps, à raison de 8 à 10 kilogrammes de graine par hectare; elle donne en septembre une coupe abondante. Bien que la serradelle soit meilleure comme fourrage frais que comme foin sec, on peut cependant la faire sécher, et son fourrage très-nourrissant est d'une grande valeur dans une

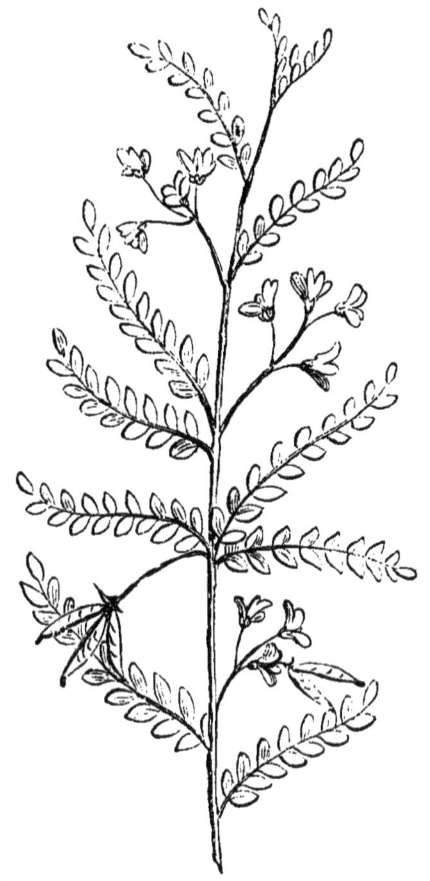

Serradelle ou pied-d'oiseau.
(Fig. 51)

entreprise de défrichements à son début, où la grande difficulté, c'est de faire vivre les bestiaux.

La graine de la serradelle est assez difficile à récolter : elle est renfermée dans des siliques dont la paroi mince se colle sur la graine, de sorte qu'il est impossible de l'en séparer ; les siliques sont, à l'époque de la maturité des graines, fragiles comme du verre ; on en perd toujours une grande partie, qui tombe à terre au moment de la récolte. On rend le dommage moindre en plantant des rangées de féveroles de distance en distance entre les lignes de serradelle. Dans les terres siliceuses qui conviennent à la serradelle, la féverole s'élève peu et ne donne que des produits insignifiants ; mais ses tiges droites et fermes soutiennent les tiges minces de la serradelle, ce qui favorise la maturité de la graine, et permet de la récolter avec moins de perte que quand la serradelle est cultivée isolément.

PLANTES FOURRAGÈRES LÉGUMINEUSES POUR MÉLANGES.

On emploie fréquemment un certain nombre de légumineuses fourragères, non pas comme les précédentes, en les cultivant à part, mais en les mêlant à d'autres plantes fourragères, soit pour améliorer les prairies à faux courante et en rendre le fourrage plus substantiel, soit pour former sur des terrains peu fertiles des pâturages temporaires ou permanents ; ce sont : la *vesce à bouquets* et la *vesce des haies*, la *lupuline* ou *minette dorée*, la *gesse des prés*, le *lotier corniculé*, le *lotier des marais*, le *lotier maritime* et la *coronille variée.*

De toutes ces plantes, la plus usitée et la plus utile est la *lupuline* (*fig.* 52), proche parente de la luzerne, dont elle a en grande partie les propriétés nourrissantes. Lorsqu'une prairie est nouvellement établie ou rétablie, si l'on répand avec les graines de bonnes graminées 6 à 8 kilogrammes par hectare de graine de lupuline, cette plante, qui est bisannuelle, donne immédiatement de la consistance au fourrage de la jeune prairie; elle s'y détruit et disparaît d'elle même la seconde année.

Lupuline ou minette dorée. (Fig. 52.)

Dans quelques cantons du Nord, on sème la lupuline seule, au printemps, avec une céréale de mars, à raison de 15 kilogrammes de graine par hectare; on obtient ainsi un fourrage précoce, peu abondant, mais de très-bonne qualité, sur des terres sèches et peu fertiles où ni le trèfle ni la luzerne ne pourraient réussir : la lupuline est, à proprement parler, la luzerne des terres pauvres. On peut la laisser pâturer à discrétion par les bêtes à laine, sans avoir à craindre les accidents de météorisation, fréquents chez les moutons quand ils ont mangé un peu trop de trèfle ou de luzerne.

Les *lotiers* rendent sur les pâturages élevés, au sol peu fertile, des services analogues à ceux de la lupuline; la brièveté de leurs tiges les exclut de toute prairie à faux courante; ils ne sont à leur place que sur les pâturages permanents, où ils se perpétuent par le semis naturel de leurs graines. Le *lotier corniculé* (*fig*. 53) est le plus avantageux ; mais, pour les pâturages humides, on doit lui préférer le lotier des marais, et dans le voisinage des côtes, le lotier maritime.

Lotier corniculé. (Fig. 53.)

La vesce à bouquets, la vesce des haies et la gesse des prés sont particulièrement utiles dans les prés où dominent les graminées un peu dures, comme l'alpiste-roseau et le dactyle pelotonné; les tiges longues et solides de ces graminées servent de point d'appui à ces trois légumineuses grimpantes, qui, ainsi soutenues, prennent un grand développement, et améliorent sensiblement le foin des prairies peuplées d'herbes grossières; c'est là leur principale destination.

PLANTES FOURRAGÈRES DE DIVERSES FAMILLES.

La liste de ces plantes est courte : elle ne comprend comme plantes fourragères d'un usage général que la *spergule* ou *spargoute*, la *pimprenelle* et le *chou branchu;* on y pourrait ajouter beaucoup d'autres plantes appropriées aux divers genres de sols et de climats de nos différentes régions agricoles; il reste encore à ce sujet beaucoup à étudier.

Spergule. (Fig. 54.)

La *spergule* (*fig*. 54), aussi nommée *spargoute*, qui croît à l'état sauvage sur presque toutes les terres légères, n'est appréciée et utilisée que dans le nord de la France ; elle est surtout précieuse à cause de la rapidité de sa croissance, qui permet de l'obtenir en récolte dérobée à la suite d'une céréale.

On se hâte de déchaumer aussitôt après la moisson ; on herse et l'on sème la graine de spergule à raison de 15 kilogrammes par hectare; on passe le rouleau sur la semaille : si la graine était trop profondément enterrée, elle ne lèverait pas. On ne fauche pas la spergule, qui, si l'on voulait la convertir en foin sec, perdrait par le fanage les trois quarts de son poids. Le moment le plus favorable pour la faire pâturer est celui où la spergule est le plus chargée de petites capsules remplies de graines blanches, qui deviennent noires en mûrissant. Les propriétés très-nourrissantes de la spergule à l'état frais sous un petit volume tiennent à l'excessive abondance de ses graines.

On cultive aussi dans le Nord une variété de spergule à très-haute tige, qu'on nomme *spergule géante*. Elle n'est guère usitée que pour être enfouie en qualité d'engrais végétal; comme plante fourragère, malgré ses dimensions plus fortes, la spergule géante est inférieure à l'espèce commune, parce qu'elle fleurit peu et ne produit qu'une petite quantité de graines.

PIMPRENELLE.

La *pimprenelle* ne donne qu'un fourrage trop court pour être fauché, mais elle compense ce défaut par plusieurs qualités précieuses : d'une part, il n'existe pas de terre, si pauvre qu'elle soit, où la pimprenelle ne puisse croître et fournir un très-bon pâturage pour les moutons ; de l'autre, c'est la plus franchement remontante des plantes fourragères, l'hiver interrompt à peine sa végétation, les chaleurs sèches de l'été ne l'empêchent pas de repousser avec vigueur. C'est, dans les terres légères, très-peu fertiles, une ressource inappréciable pour l'entretien des troupeaux de bêtes à laine. On la sème au printemps, à raison de 30 kilogrammes de graine par hectare. Dans une terre de qualité moyenne, la pimprenelle devient assez forte pour pouvoir être coupée et distribuée aux bestiaux à l'étable comme fourrage vert. Elle est fréquemment semée à la dose de 10 à 12 kilogrammes de graine par hectare, en mélange avec d'autres plantes fourragères du même tempérament, pour établir de bons pâturages à moutons sur des terrains arides en pente rapide. Cette plante, à elle seule, a totalement changé en bien l'agriculture de plusieurs de nos départements, en y rendant possible l'élève des bêtes à laine et la production des engrais pour la mise en valeur des terres incultes.

CHOU BRANCHU.

On cultive plusieurs variétés de choux branchus, exclusivement destinés à la nourriture du bétail ; ces variétés portent diverses dénominations locales ; les meilleurs sont : le *chou cavalier* ou *chou à vaches*, le *chou mille têtes* du Poitou et le *chou caulet*, à feuilles teintées de rouge, du nord de la France. Tous ces choux sont cultivés par le même procédé. On sème au printemps la graine en pépinière, dans un sol largement fumé ; il ne faut pas semer trop serré, pour que le plant puisse prendre de la force. Aussitôt après l'enlèvement de la récolte des céréales, on donne un labour profond, on herse et l'on met en place le plant de chou branchu. A la fin de l'automne, ce chou a pris un très-grand développement, et, comme le froid a peu d'action sur lui, on peut, pendant tout l'hiver, en récolter les feuilles, en commençant par celles du bas de la plante ; cette nourriture fraîche, associée au fourrage sec distribué aux bestiaux pendant l'hivernage, les maintient en très-bon état jusqu'au retour du printemps. Dans les Deux-Sèvres, le chou branchu est la base de l'engraissement des bœufs. Le chou mille têtes convient mieux aux terres légères, peu fertiles ; le chou caulet et le chou cavalier réussissent mieux dans les terres fortes.

Dans les terres siliceuses, légères et très-peu fertiles, on peut, sur un labour superficiel, semer de la graine d'*ajonc* (*ulex*) à raison de 30 à 40 litres par hectare. L'ajonc ou *genêt épineux* (*fig.* 55) est un bon fourrage qui repousse à mesure qu'il est fauché, et dont l'hiver n'interrompt pas la végétation. Son seul défaut consiste dans les nombreux piquants dont la plante est hérissée; on les émousse en frappant dessus avec une masse de bois garnie de clous et munie d'un long manche. Moyennant cette préparation, l'ajonc est accepté par tous les bestiaux, et il les nourrit parfaitement; on en fait usage de temps immémorial de cette manière dans les départements de l'ancienne Bretagne, où l'ajonc croît en abondance dans les lieux incultes.

Ajonc. (Fig. 55.)

Les terrains bas et marécageux sont fréquemment couverts de grande consoude (*symphitum*). Cette plante (*fig.* 56) pourrait être cultivée comme plante fourragère; les bestiaux la mangent avec plaisir; elle leur convient mieux à l'état frais qu'à celui de fourrage sec.

Grande consoude. (Fig. 56.)

PRAIRIES ET PATURAGES.

Après avoir pris une connaissance suffisamment étendue des diverses plantes qui concourent à l'alimentation du bétail, à l'exception des racines fourragères, le cultivateur est en mesure de s'occuper des meilleurs procédés à suivre pour employer le plus utilement possible toutes ces plantes à la formation et à l'entretien des prairies naturelles, des prairies artificielles et des pâturages temporaires ou permanents.

PRAIRIES NATURELLES.

L'étendue de l'espace accordé dans chaque exploitation aux prairies naturelles tend à diminuer à mesure que l'agriculture se perfectionne. Dans toute exploitation dirigée par un cultivateur éclairé, il est de principe que la nourriture du bétail doit reposer principalement sur le produit des prairies artificielles et sur les racines fourragères; que toutes les prairies naturelles doivent, avec le temps, passer à l'état de terres arables et rentrer dans l'assolement général, et qu'il ne faut les conserver que comme transition vers un ordre meilleur. Mais, le principe admis, nous sommes loin encore du moment où l'agriculture française pourra se passer de la plus grande partie de ses prairies naturelles ; il y a donc lieu de bien étudier les moyens de les établir et de les entretenir dans les meilleures conditions.

La terre qu'on se propose de convertir en prairie doit

être consacrée, comme préparation, à une récolte sarclée, avec une forte fumure. Cette récolte étant enlevée, on sème une céréale d'hiver, et dans cette céréale, la graine des meilleurs graminées qui doivent constituer le fond de la prairie. Ces semailles peuvent être faites en automne ou au printemps; les semailles d'automne faites de bonne heure dans un seigle ou une orge d'hiver donnent un meilleur résultat dans les pays exposés, en été à des sécheresses très-prolongées : les plantes fourragères ont eu, dans ce cas, le temps de s'établir solidement dans le terrain; protégées par les céréales, elles tiennent bon contre la sécheresse, et, dès les premières pluies d'automne, le sol se couvre d'une végétation qui souvent peut donner une première coupe avant l'hiver.

Quand le climat local est plutôt humide que sec, et que le sol à convertir en prairie est naturellement frais, il vaut mieux semer au printemps, dans une céréale d'hiver, d'aussi bonne heure que l'état du sol et celui de la température peuvent le permettre. Dans tous les cas, il faut associer aux graines de graminées une petite quantité de trèfle commun, de trèfle incarnat, de farouche blanc et de lupuline ou minette dorée. Ces plantes légumineuses rendent meilleur le premier foin des prairies naturelles nouvellement établies; elles ont, en outre, l'avantage de protéger celles des graminées qui restent encore faibles un an ou deux, et qui, parvenues à toute leur force, prennent la place des légumineuses, lorsque celles-ci disparaissent après avoir fait leur temps.

Il importe beaucoup que le sol à convertir en prairie soit bien assaini, soit par un bon système de drainage, soit par des fossés et rigoles à ciel ouvert; car, autant une jeune prairie peut avoir à souffrir de la sécheresse, autant l'excès de l'humidité dans le sous-sol compromet son avenir, en favorisant la multiplication des joncs, des prêles, des patiences, qui dominent alors les bonnes graminées et enlèvent au foin la plus grande partie de sa valeur.

Le drainage est aussi nécessaire pour les prairies qui doivent être irriguées que pour les prairies les plus sèches, car l'effet utile de l'irrigation sur les prairies consiste bien moins dans l'humidité dont elle les abreuve que dans les principes fertilisants que l'eau leur laisse après les avoir imbibées.

Pour refaire une vieille prairie qu'on a dû rompre parce qu'elle se trouvait à demi ruinée, le procédé est le même que pour en établir une nouvelle. On sème sur le gazon retourné une avoine sans fumier, qui donne ordinairement une très-belle récolte; on lève de bonne heure en automne les chaumes de l'avoine, et l'on donne un second labour avant l'hiver, puis un troisième, avec une forte fumure, au printemps de l'année suivante. Sur cette fumure on obtient une récolte sarclée à laquelle succède une céréale d'hiver; dans cette céréale on sème les graines des plantes qui doivent constituer la prairie, en opérant de point en point comme on vient de l'indiquer.

NETTOYAGE ET RESTAURATION DES PRAIRIES.

Pour bien juger de ce qu'on peut faire rendre à une bonne prairie naturelle, par des fumures périodiques et des soins judicieux d'entretien, il faut étudier les prairies dans les pays où il n'y a pas autre chose, et où elles sont par conséquent l'objet de tous les soins du cultivateur, en

Suisse et en Hollande, par exemple. Là, les prairies reçoivent en couverture avant l'hiver, outre tout le fumier produit par le bétail qu'elles nourrissent, des composts formés des curures des fossés, de la boue des chemins, des cendres et des balayures des maisons, toutes substances fertilisantes dont on a soin de ne rien laisser perdre. En France, une pareille libéralité envers les prairies naturelles n'est pas praticable partout; il faut que la plus grande partie du fumier provenant de la consommation du foin de ces prairies serve à fertiliser les terres arables : c'est surtout dans ce but que les prairies naturelles sont créées et entretenues; mais il ne faut pas non plus agir envers elles sous ce rapport avec trop de parcimonie, et l'on doit suivre l'exemple des Suisses et des Hollandais, dans les limites du possible.

Les meilleurs soins d'entretien ne préviennent pas toujours la détérioration du foin des prairies naturelles, sur lesquelles les vents, les inondations et d'autres causes accidentelles peuvent apporter incessamment des graines de mauvaises herbes qui finissent à la longue par l'emporter sur les bonnes. On est alors obligé, sans attendre que la prairie soit tout à fait ruinée, de la soumettre à des nettoyages périodiques. En Belgique, avant que l'herbe des prairies naturelles soit assez haute pour que le piétinement lui puisse causer un dommage sensible, on envoie des femmes et des enfants arracher les patiences, les berces, les jacées, toutes plantes coriaces, acides ou amères, qui altèrent la qualité du foin. En les détruisant avant qu'elles aient porté graine, on en délivre complétement les prairies à très-peu de frais, ce nettoyage pouvant être fait par des enfants, dont la main d'œuvre n'est jamais bien coûteuse.

Cet excellent usage devrait être en vigueur partout où il existe des prairies naturelles. En Hollande, quand une prairie est plus ou moins infestée de mauvaise herbe, voici comment on procède à son nettoyage à fond.

En automne, aussitôt après la coupe du regain, on fait pâturer la prairie, d'abord par des bêtes à cornes, qui ne la tondent pas de très-près, puis par des moutons, qui prennent tout ce que les bêtes à cornes leur ont laissé. On fait alors jeûner pendant 24 heures une bande de jeunes porcs d'élève, et on les lâche sur la prairie où il n'y a plus vestige d'herbe à pâturer. Pressés par la faim, les porcs se mettent à fouiller activement le sol avec leur grouin pour se repaître des racines de toutes les mauvaises plantes dont la prairie peut être infestée. Quand ils ont tout pris, il semble que la prairie ait été binée d'un bout à l'autre, et qu'il n'y reste pas trace de végétation. Le cultivateur hollandais y répand, sur les places les plus dégarnies, quelques poignées de graines des meilleures graminées; il passe ensuite le rouleau, et la besogne du nettoyage à fond est terminée. Bientôt après, la prairie nettoyée reprend l'aspect de ces admirables tapis de velours vert uni comme on en voit seulement en Hollande, et dont on n'a guère d'idée partout ailleurs.

On mentionne comme une innovation ingénieuse, qui n'a point encore reçu la sanction de l'expérience, la méthode introduite par un agronome contemporain pour l'entretien et le rajeunissement des prairies en les fumant *par-dessous*. Il a inventé à cet effet une sorte de *charrue-semoir*, dont le versoir, d'une forme particulière, laisse retomber à sa place le gazon soulevé par le passage de la charrue. Un engrais pulvérulent, approprié à la nature du sol et à celle des plantes dont se compose la prairie, est contenu dans une trémie adaptée à la partie supérieure de l'instrument. A mesure que celui-ci fonctionne, l'engrais pulvérulent tombe sur le sous-sol mis à découvert par le soulèvement de la bande de gazon; quand cette bande retombe à sa première place, les racines des plantes sont en contact avec la fumure, mise de cette singulière manière à leur disposition. De bons résultats paraissent avoir été obtenus de l'application de cette méthode, encore trop récente pour être jugée.

PRAIRIES ARTIFICIELLES.

On doit appliquer scrupuleusement à la création des prairies artificielles, comme à celle des prairies naturelles, le principe formulé par Matthieu de Dombasle, et dont on ne peut pas s'écarter sans compromettre le succès de l'opération : « Semez *toujours* les graines de plantes fourragères dans la récolte des céréales qui suit immédiatement une récolte sarclée et fumée. » (*Bon Cultivateur*, p. 464.) Ce précepte, si simple et si clair, renferme tout ce qu'il y a à observer pour faire une bonne prairie artificielle. S'il s'agit d'un trèfle ou d'un sainfoin, la semaille se fait au printemps, dans une céréale d'hiver; quand le sol est frais et l'exposition méridionale, on peut, avec autant de chances de succès, semer le trèfle ou le sainfoin dans une céréale de mars, aussitôt que celle-ci commence à couvrir le terrain.

Le procédé est le même pour créer une luzernière dans de bonnes conditions. S'il y a lieu de craindre que le sol ne soit pas suffisamment propre et que la croissance de la jeune luzerne, toujours faible à son début, ne soit entravée par la mauvaise herbe, il faut mêler à la graine de luzerne quelques kilogrammes par hectare de graine de trèfle commun. La première année, le trèfle semblera dominer la luzerne, mais il ne l'étouffera pas, et il fera disparaître la mauvaise herbe. La seconde année, la luzerne prendra le dessus; la troisième année, il ne sera plus question du trèfle, et la luzerne demeurera purgée de mauvaise herbe pour tout le temps de sa durée.

RÉCOLTE DES FOURRAGES.

Le foin des prairies naturelles et artificielles doit être fauché au moment de la pleine floraison des plantes fourragères, avant la maturité de leur graine. Si l'on fauche trop tôt, il y a perte sur la quantité du foin; si l'on fauche trop tard, d'une part, le foin trop, mûr, ressemble plus à de la paille qu'à de vrai foin; de l'autre, beaucoup de bonnes graminées sèchent sur pied et meurent après avoir porté graine, ce qui réduit sensiblement la récolte des années suivantes. On ne doit rien ménager pour se procurer les meilleurs faucheurs, sauf à les rétribuer en proportion de leur habileté. Le faucheur maladroit, qui laisse sur pied une partie du foin sous forme d'*éteules,* qui sont, à proprement parler, les *chaumes* des plantes fourragères, compromet l'avenir de la prairie. Si celle-ci est irriguée, un fauchage mal fait dérange le niveau des surfaces, et ce niveau, si nécessaire dans la pratique des irrigations, ne peut plus être rétabli qu'à grands frais.

Sous le climat inconstant de la France centrale, la fenaison est assez souvent contrariée par le mauvais temps.

Lorsqu'il pleut sur du foin fauché qui n'a pas encore été retourné, il ne faut pas y toucher avant que le beau temps permette de le faner rapidement et complétement; l'herbe coupée, mais non retournée, n'est pas sensiblement altérée par la pluie, parce qu'elle ne s'échauffe pas et ne subit pas de mouvement de fermentation : ce qui détériore le foin, c'est d'être mouillé alors qu'il a subi un commencement de dessiccation.

Dans les grandes exploitations, l'emploi, qui se propage de plus en plus, des faucheuses et des faneuses mécaniques, ainsi que du râteau à cheval, permet d'enlever la fenaison sans perte de temps et de ne rien perdre des précieux produits des prairies naturelles et artificielles. En Allemagne, on pratique pour celles-ci, spécialement pour le trèfle, une méthode connue sous le nom de son inventeur, Klapmayer. Quoiqu'elle soit peu pratiquée en France, elle mérite d'être mentionnée; elle peut, dans plusieurs de nos régions agricoles, trouver son application. Le trèfle fauché, sans avoir été fané, est mis en meulons dans lesquels on laisse la fermentation s'établir. L'intérieur des meulons s'échauffe fortement en exhalant une odeur vineuse très-prononcée. Dès que la fermentation se ralentit, les tas sont rapidement démontés, et l'on jette le trèfle fermenté sur des perches disposées comme des armes en faisceau et réunies par leur sommet. L'air, circulant entre les perches à travers le fourrage, en opère rapidement la dessiccation; il est alors d'un brun foncé, ce qui ne l'empêche nullement d'être consommé avec avidité par les bestiaux. Le principal avantage de la méthode de Klapmayer pour la fenaison des fourrages des prairies artificielles, c'est de conserver intégralement les feuilles, qui en sont la partie la plus nourrissante, et qui s'en détachent en partie quand on les fane par les procédés ordinaires.

PATURAGES.

L'établissement des pâturages est beaucoup plus simple que celui des prairies naturelles ou artificielles; souvent on utilise pour cette destination des terrains en pente, trop maigres et trop peu profonds pour que les semailles de plantes fourragères puissent être précédées ou accompagnées d'une culture quelconque. On se contente d'un labour superficiel suivi d'un hersage, avec une légère fumure d'un engrais pulvérulent. On a indiqué précédemment les plantes spécialement propres à faire partie des pâturages; voici la composition d'un pâturage établi par Matthieu de Dombasle sur un terrain léger, caillouteux, très-peu fertile, d'une étendue de 9 hectares :

Ray-grass anglais....................	110 kil.
Pimprenelle........................	30
Trèfle des prés......................	30
Trèfle blanc,........................	30

En Angleterre, dans des conditions analogues de sol et de climat, on sème, pour un bon pâturage permanent, par hectare :

Ray-grass anglais....................	40 kil.
Trèfle des prés......................	7
Trèfle blanc.........................	7
Lupuline...........................	7

Ces deux exemples montrent les principales associations

de plantes fourragères pour les pâturages. Quand on les établit sur un sol passablement fertile, les pâturages d'une composition analogue à celle des précédents, sont périodiquement rompus pour faire place à une récolte de céréales, après laquelle on les rétablit comme précédemment. C'est une excellente manière de tirer le meilleur parti possible des terres de qualité médiocre, en pente rapide, d'un accès difficile, et qui néanmoins peuvent donner périodiquement des récoltes passables de céréales et fournir le reste du temps un bon pâturage pour l'entretien des troupeaux de bêtes à laine.

RACINES FOURRAGÈRES.

Les grandes et profondes améliorations de l'agriculture moderne ont eu pour point de départ et ont encore pour principal point d'appui la culture des racines fourragères. Cette culture s'est peu à peu substituée à la jachère improductive; elle a nettoyé et approfondi la couche arable; elle a fourni d'abondantes ressources pour nourrir plus de bestiaux et produire plus d'engrais; elle a, par tous ces moyens, contribué puissamment à élever la production au niveau des besoins toujours croissants de la consommation. Tout cultivateur qui comprend ses intérêts doit admettre la culture des racines fourragères comme une nécessité de l'agriculture actuelle, aussi bien dans la grande que dans la petite et la moyenne culture. Plusieurs racines fourragères sont en même temps alimentaires pour l'homme, comme la pomme de terre, ou industrielles, comme la betterave. Les plus usitées, comme racines fourragères, sont : 1° *la carotte ;* 2° *la pomme de terre ;* 3° *le rutabaga ;* 4° *le navet ;* 5° *le panais ;* 6° *la betterave ;* 7° *le topinambour.*

CAROTTE.

On cultive plusieurs espèces et variétés de carottes comme racines potagères; elles sont exclusivement du domaine du jardinage. Les espèces cultivées en grand comme racines fourragères sont : 1° *La carotte rouge à collet vert* de Belgique ; 2° *la carotte blanche à collet vert* du Palatinat ; 3° *la blancke longue de Breteuil ;* 4° *la blanche des Vosges ;* 5° *la rouge anglaise d'Altéringham ;* 6° *la jaune d'Achicourt.* Toutes ces carottes prospèrent dans un sol riche et profond, plutôt léger que fort. On sème la graine de carottes au printemps, depuis mars jusqu'en mai, à raison de 4 à 5 kilogrammes de graine par hectare, soit en lignes, soit à la volée. Les semis en lignes sont de beaucoup préférables, à cause des facilités qu'ils offrent pour les solages et binages nécessaires pour favoriser la croissance des racines. Dans les Flandres, où les carottes employées à la nourriture de l'homme sont les mêmes qu'on donne aux bestiaux, personne, en passant le long d'un champ de carottes, ne résiste à la tentation d'en arracher une ou deux pour les manger crues; aussi dit-on dans ce pays que celui qui sème des carottes à la volée dans un champ voisin d'une route dit, à chaque poignée de graine qu'il répand : *Voilà pour moi, voilà pour les passants.*

Quand les carottes sont bien levées, on leur donne un premier binage, puis un second un mois plus tard; au second binage, on éclaircit le plant, afin que les carottes se trouvent à 20 ou 25 centimètres les unes des autres dans les lignes : cet espacement est nécessaire pour que les carottes puissent acquérir le volume normal de leur espèce. On ne doit pas semer les carottes sur la fumure, à moins qu'elle ne consiste en fumier très-consommé; il vaut mieux ne les cultiver que dans une terre fumée pour une autre récolte l'année précédente. Dans les terres légères mais profondes, amenées de longue main par une bonne culture à leur maximum de fertilité, la carotte réussit très-bien en récolte dérobée, soit sur une céréale, soit sur un colza. On répand la graine au printemps; le plant reste faible, à peine visible, jusqu'après l'enlèvement de la récolte principale; on donne alors un hersage énergique, et il semble que les jeunes carottes aient totalement disparu, mais bientôt elles reparaissent et s'emparent de tout le terrain.

La carotte craint peu les gelées qui ne dépassent pas 4 à 5 degrés, surtout quand elles ne se prolongent pas; on peut par conséquent ne l'arracher qu'en novembre, et même en décembre sous le climat de Paris.

La conservation des carottes, dans les cantons au climat humide, est souvent assez difficile; la meilleure méthode à suivre pour les maintenir en bon état, du mois de décembre au mois de mai de l'année suivante, consiste à les enterrer dans des fosses ouvertes en terrain sec revêtues de paille à l'intérieur. De distance en distance, on établit des cheminées formées de 3 ou 4 planches debout, en forme de conduit ventilateur. On donne au sommet des tas de carottes dans les fosses la forme d'un toit à deux versants; on couvre le tout d'une couche épaisse de paille, par-dessus laquelle on étend 8 à 10 centimètres de terre : il importe que les cheminées dépassent d'un décimètre le sommet des tas.

L'air qui circule entre les carottes, moyennant cette disposition, les empêche de pourrir, de s'échauffer, de fermenter, et assure leur bonne conservation.

Un point fort important pour cultiver avec succès les carottes fourragères, c'est de ne jamais semer que la graine la plus parfaite possible. Dans ce but, on réserve à la récolte les plus belles racines de chaque variété; au lieu de retrancher le collet, comme on le fait pour celles qui doivent être conservées dans les fosses, on laisse ces carottes entières; elles sont plantées en jauge, dans une situation abritée, et couvertes de feuilles, de paille ou de litière sèche pendant les gelées. Au printemps, ces carottes sont mises en place à 50 centimètres en tout sens, dans un terrain labouré à la bêche et largement fumé. Les carottes ainsi traitées fleurissent dans les meilleures conditions et donnent de la graine de première qualité. A l'époque de la maturité, on détache de chaque ombelle les graines du dehors, toujours mieux formées que celles de l'intérieur, dont une partie ne lève pas. Avec ces précautions, on peut compter sur une levée très-égale et sur une récolte de racines toutes du volume normal de leur espèce. Les carottes fourragères ont sur les autres racines fourragères l'avantage fort important de servir à la nourriture des chevaux comme à celle de tout le bétail.

POMMES DE TERRE.

Toutes les espèces de pommes de terre à gros tubercules, blancs ou jaunes, telles que la *Patraque* et la *Rohan*, sont cultivées principalement pour la nourriture des bestiaux. Depuis que la maladie des pommes de terre a fait invasion en Europe, l'expérience ayant appris que les espèces et variétés tardives en sont beaucoup plus attaquées que les autres, on a adopté dans beaucoup de localités, pour la grande culture, la pomme de terre jaune de *Ségonzac*, dite grosse jaune de la Saint-Jean, un peu moins productive que les espèces tardives, mais beaucoup moins exposée aux atteintes de la maladie. Du reste, les sous-variétés locales sont si nombreuses que chacun peut choisir parmi celles qui conviennent le mieux au terrain qu'il cultive et aux conditions économiques de son exploitation.

A l'exception des terres fortes, argileuses, très-compactes et des terres tourbeuses, marécageuses ou sujettes à de fréquentes inondations, la pomme de terre vient plus ou moins partout; les terres qui lui conviennent le mieux sont celles qui sont à la fois légères et fertiles. On donne à la terre, pour une culture de pommes de terre, les mêmes préparations que pour une culture de blé de printemps. Avant l'invasion de la maladie, les pommes de terre étaient habituellement plantées en tête de l'assolement, sur la fumure; plus tard, on a reconnu que le contact immédiat des tubercules avec le fumier les prédisposait à contracter la maladie, et que les pommes de terre réussissent mieux dans un sol fumé pour une autre culture l'année précédente; en adoptant cette règle, on donne aux pommes de terre plus de chance pour échapper à la maladie.

On peut planter les pommes de terre, soit au printemps soit en automne : la plantation au printemps est la plus usitée. Néanmoins, dans tous les cantons où l'hiver est assez doux pour que la gelée ne puisse atteindre les tubercules en terre, la plantation automnale est la plus avantageuse; les tubercules se conservent mieux dans le sol que dans les caves et dans les silos; ils ne s'épuisent pas à pousser des tiges étiolées, et conservent toute leur énergie vitale pour le moment de la reprise de la végétation.

Beaucoup de cultivateurs commettent la faute de réserver pour la plantation les tubercules les plus petits, jugés impropres à d'autres usages; ces tubercules ne sont restés petits que parce qu'ils se sont formés tardivement, ils ont été récoltés à demi mûrs : ils ne peuvent donner naissance qu'à des plantes faibles et peu productives. Il ne faut donc planter que des tubercules de moyenne grosseur, à peu près du volume normal de leur variété. S'ils sont très-gros, on peut les couper en plusieurs morceaux munis chacun de plusieurs yeux; mais, dans ce cas, il faut bien se garder de planter ces morceaux au moment où ils viennent d'être coupés : on doit les laisser se ressuyer à l'air libre pendant un jour ou deux, afin que les coupures soient cicatrisées, sans quoi, les morceaux de pommes de terre pourrissent en terre et ne lèvent pas. Quant à l'espacement des touffes, il dépend entièrement de la manière dont chaque espèce forme ses tubercules, il n'y a pas de règle fixe à cet égard. On plante plus rapprochées celles dont les tubercules se forment en groupe, au collet de la racine, et plus espacées celles qui s'écartent dans tous les sens, et que les cultivateurs nomment *coureuses*. Dans la petite et la moyenne culture, la plantation se fait à la houe ou à la bêche; la terre retirée d'un trou sert à remplir le trou suivant, après qu'on y a déposé une pomme de terre. Dans la grande culture, on ouvre les raies à la charrue; l'ouvrière qui suit le laboureur jette les pommes de terre dans la raie à la distance voulue, la charrue couvre les pommes de terre en revenant : on passe ensuite la herse, puis le rouleau.

Les pommes de terre ont besoin d'un binage dès qu'elles sont bien levées, et d'un buttage 20 à 25 jours plus tard. Ces façons, dans les grandes fermes, ne peuvent être données qu'avec la houe à cheval, qu'on fait passer entre les lignes.

MALADIE DES POMMES DE TERRE.

De tous les travaux auxquels a donné lieu la recherche des moyens de combattre la maladie des pommes de terre il est résulté bien peu de procédés applicables et réellement utiles à la grande culture. Comme moyen préventif, on expose au soleil, pendant plusieurs jours, les pommes de terre destinées à la plantation; elles ne tardent pas à verdir et à perdre leurs propriétés alimentaires, mais leurs yeux doublent de vigueur et donnent des tiges moins exposées que d'autres à la maladie. Comme moyens curatifs, on saupoudre de chaux récemment éteinte les feuilles humides de rosée, le matin par un temps calme, et on les traite par le procédé de M. Tombelle-Lomba, de Namur, le seul qui, dans ses applications en grand, donne de bons résultats; voici en quoi il consiste. Dès que l'on observe sur les feuilles et les tiges les taches brunes, indices de l'invasion de la maladie, on coupe les tiges ou fanes de la pomme de terre au niveau du sol; on passe en long et en large le rouleau pesant, pour comprimer fortement le sol, et on arrache les pommes de terre à l'époque ordinaire de la maturité des tubercules, selon leur espèce. La récolte est un peu moins abondante, parce que les

les pommes de terre, bien qu'elles aient continué à grossir, n'ont pas atteint tout à fait leur volume normal; mais il n'y a pas de traces de maladie.

Il y a un très-grand avantage, pour rendre les pommes de terre plus robustes contre les attaques du fléau, à régénérer les espèces par la voie des semis. La graine de pommes de terre, semée en pépinière dans un carré de terrain fumé l'année précédente, donne de petites plantes et de tout petits tubercules; mais, à la seconde génération, ces tubercules, plantés dans les conditions ordinaires d'une bonne culture, donnent des récoltes abondantes et généralement moins malades que les autres. Ce qui précède contient tout ce qu'il est possible de tenter avec chance de succès, soit pour prévenir l'invasion de la maladie, soit pour en diminuer les ravages lorsqu'elle a éclaté ; quant à l'écarter ou à la guérir d'une manière absolue, c'est un problème qui n'est point encore résolu.

RUTABAGA.

Le *rutabaga*, également connu sous le nom de *navet jaune de Suède*, n'est point un navet; c'est un chou à feuille lisse, très-peu différent du colza quant à ses feuilles et à sa fleur; il en diffère seulement par sa racine renflée en forme de navet, à chair jaune à l'intérieur : c'est une des racines fourragères les plus utiles pour la nourriture et l'engraissement des bêtes à cornes. On sème la graine de rutabaga en lignes, dans le courant d'avril; le meilleur mode de culture pour cette excellente racine fourragère, c'est la culture *en ados*, qui se pratique de la manière suivante. Le champ labouré une première fois, en automne, est façonné en ados ou billons, au moyen d'un buttoir, ou charrue à deux versoirs, qui rejette la terre à droite et à gauche. Vers la fin de février, plus tôt si le temps le permet, on amène la fumure sur le terrain et on la distribue très-également dans les intervalles des billons. On donne alors une seconde façon au buttoir, qui refend les ados par le milieu et forme de nouveaux ados, sous le milieu desquels la fumure se trouve enfouie. Un trait de rouleau de bois léger aplatit la crête des ados; on y sème alors seulement la graine de rutabaga, très-clair, et, quand le plant est bien levé, on l'éclaircit pour le laisser espacé à 30 centimètres dans les lignes. Il lui faut ensuite un ou deux binages pour maintenir le terrain exempt de mauvaise herbe. A part ses propriétés nourrissantes pour le bétail, le rutabaga se recommande par la propriété de résister aux hivers les plus rudes du climat de la France; de sorte qu'on n'a pas besoin de se préoccuper de sa conservation pendant l'hiver, et qu'on peut le laisser en place pour l'arracher au fur et à mesure des besoins de la consommation. Le rutabaga donne aux vaches un lait excellent; non-seulement il maintient les bêtes bovines en très-bonne santé, mais, si elles sont plus ou moins malades, quelques jours de nourriture au rutabaga suffisent pour les rétablir.

NAVETS.

Les *navets*, qui tiennent avec le rutabaga la première place dans l'agriculture anglaise, où on les cultive sur la fumure, en tête de l'assolement, n'ont pas la même importance dans l'agriculture française, et, néanmoins, ils peuvent rendre d'éminents services, surtout dans les pays d'élèves, où chaque exploitation a beaucoup de bestiaux à nourrir. Les meilleures espèces sont : le *navet rond*, ou *rabioule du Limousin*, le *navet d'Auvergne* à collet rouge, le *navet rose du Palatinat*, le *rond de Hollande* et le *navet long d'Alsace*, ou *rave longue*, tous à peu près du même tempérament. Les navets, comme les carottes, prospèrent dans les terres légères mieux que dans les terres fortes ; on peut les cultiver avec succès dans les terres siliceuses médiocrement fertiles, où la carotte et le rutabaga réussiraient difficilement. Les navets sont surtout utiles à cause de la facilité avec laquelle ils se prêtent aux semailles tardives, ce qui permet d'en obtenir de très-bonnes récoltes dérobées à la suite d'une récolte de céréale d'hiver. On sème à la volée, après avoir déchaumé et donné un léger labour ; il faut semer clair et éclaircir le plant quinze jours après qu'il a commencé à lever. Les navets doivent être arrachés avant l'arrivée des premiers froids ; les gelées de novembre ne les détruisent pas, mais elles leur communiquent des propriétés nuisibles pour le bétail, auquel les navets à demi gelés, quoique sains en apparence, peuvent donner des diarrhées dangereuses. On conserve les navets dans des fosses disposées comme pour la conservation des carottes ; ces fosses doivent être dirigées de l'est à l'ouest, et entamées du côté du sud quand on a besoin de recourir à leur contenu. Cette précaution est indispensable, parce que les navets sont beaucoup plus sensibles au froid que les carottes ; si la gelée pénètre dans une provision de navets, elle est perdue.

PANAIS.

Le *panais*, comme le rutabaga, résiste aux gelées les plus fortes du climat moyen de la France; on peut donc se dispenser de l'arracher et ne pas s'embarrasser de sa conservation pendant l'hiver. C'est, d'ailleurs, une des racines fourragères les plus nourrissantes et les plus recherchées des bestiaux. On en connaît deux espèces, le *panais long*, le plus généralement cultivé, et le *panais rond*, dont la forme est celle d'un navet. Le panais long est le plus avantageux à cultiver, à cause du volume de ses racines; mais il ne réussit que dans les terrains frais et très-profonds, et il ne peut, pour ainsi dire, pas se passer d'un défoncement, ce qui en rend la culture très-coûteuse, et, par le même motif, très-limitée. Le panais rond, moins exigeant quant à la qualité du terrain, n'a besoin que des soins de culture qu'on donne à la carotte fourragère; aussi est-il plus cultivé que le panais long, quoiqu'il soit moins productif. On sème les deux variétés de panais en mars et avril, à raison de 4 ou 5 kilogrammes au plus par hectare. Il faut, pour avoir de bonne graine de panais, choisir les plus belles racines, et les planter en sol fertile à l'exposition du midi, autrement, dans les étés où les chaleurs soutenues font défaut, la graine mûrit imparfaitement et les semis de panais ne lèvent pas.

BETTERAVE.

La *betterave* n'était guère sortie des jardins et n'était connue ni comme plante industrielle ni comme racine fourragère, lorsque, sous le règne de Napoléon Ier, l'Europe tenta, pour la première fois, de substituer au sucre de canne le sucre de betteraves. Les premiers semis de betteraves champêtres eurent lieu dans le Nord; des graines de cette plante furent distribuées aux cultivateurs de bonne volonté, qui, dès le début, en obtinrent de très-belles récoltes. Quand ils eurent arraché leurs betteraves, les fabriques qui devaient les utiliser n'étaient pas encore prêtes à fonctionner. Après leur avoir payé la prime promise par mille kilog., le préfet leur fit distribuer une instruction sur l'emploi de la betterave pour la nourriture du bétail en hiver; ils eurent donc, comme on dit, l'argent et la marchandise. Leurs bestiaux, pendant l'hivernage, se trouvèrent si bien de l'usage des betteraves mêlées au foin sec qu'à dater de ce jour, la betterave fut adoptée dans le Nord comme racine fourragère; quand, plus tard, l'industrie sucrière s'organisa sur une grande échelle, la culture de la betterave était déjà généralement admise dans l'assolement de toutes les grandes exploitations.

On possède actuellement une multitude de variétés de betteraves, parmi lesquelles la *betterave disette* de Silésie, la *jaune d'Allemagne* et la *blanche teintée de rose* sont les plus estimées comme racines fourragères. Les variétés qui croissent en grande partie hors de terre et ne pénètrent pas très-avant dans le sol conviennent spécialement aux terres peu profondes; celles dont la plus grande partie est en terre sont préférables pour les terres à la fois fertiles et profondes. On ne doit cultiver la betterave, quelle que soit la variété adoptée, que dans une bonne terre préparée par deux labours d'automne et une abondante fumure. La betterave peut être semée en place ou bien élevée en pépinière et transplantée à demeure. Quoique la seconde méthode soit celle qui donne le meilleur résultat, la première est la plus usitée. On sème, soit à la main, soit avec le semoir-brouette, en lignes espacées entre elles à 60 centimètres, et à 30 centimètres dans les lignes; ces distances peuvent être augmentées pour les espèces à racines très-volumineuses. Les betteraves ont besoin de deux binages pendant le cours de leur croissance, pour les sarcler par la même occasion, et empêcher la mauvaise herbe de les envahir; mais on doit éviter soigneusement de les butter, ce qui pourrait leur faire un tort irréparable.

Les feuilles, qui constituent pour les vaches laitières un très-bon fourrage frais, peuvent être enlevées en partie sans nuire au développement des racines, pourvu qu'on ne touche pas à celles qui forment le bouquet central de la plante. Les betteraves doivent être arrachées en octobre ou novembre, et conservées en hiver de la manière indiquée pour la conservation des carottes.

Lorsqu'on adopte la méthode de culture par transplantation, la graine de betteraves doit être semée en pépinière sur une forte fumure, pour que le plant soit très-robuste à l'époque où il il doit être mis en place. On transplante la betterave en lignes espacées, comme pour les semis en place; le reste de la culture est le même pour les deux méthodes. D'après M. Vilmorin, qui a fait de la culture de la betterave fourragère une étude approfondie, il faut, pour les semis en lignes, 3 à 4 kilog. de graine de betterave par hectare. Quand on procède par semis en pépinière et transplantation, il ne faut pas plus de 2 kil. 500 grammes pour former le plant nécessaire à un hectare. L'étenduc de la pépinière doit être calculée sur le pied de 5 ares par hectare à garnir de plants de betteraves.

TOPINAMBOUR.

Les tubercules du topinambour ne sont ni aussi abondants ni aussi nourrissants que ceux de la pomme de terre, et ils ne soutiennent la comparaison avec aucune autre racine fourragère; mais le topinambour rachète ce défaut par une extrême rusticité, qui lui permet de croître et de donner des produits passables là où nulle autre végétation utile ne pourrait être obtenue. Il n'y a pas de sol, si ingrat qu'il puisse être, où le topinambour ne puisse être cultivé avec bénéfice. On plante les tubercules, soit entiers, soit coupés en morceaux, à la même époque et de la même manière que les pommes de terre; il n'est pas nécessaire de leur donner du fumier : si on peut leur accorder une demi-fumure en les plantant, ils donneront de meilleurs produits. On ne plante ordinairement les topinambours qu'une fois; dès qu'ils se sont emparés du terrain, ils en restent en possession pour toujours. Comme le plus petit fragment de racine laissé en terre suffit pour reproduire une plante robuste et productive, il n'y a pas lieu de renouveler la plantation; ce qui reste dans le sol après l'arrachage suffit au repeuplement, et l'on trouve tous les ans à peu près la même quantité de tubercules. Il est fort difficile de débarrasser entièrement du topinambour une terre où cette plante a été une fois cultivée; ce qui serait un grave inconvénient dans un sol fertile où d'autres cultures devraient se succéder dans un ordre régulier devient un avantage réel, en réduisant à rien les frais de culture du topinambour dans les terres ingrates, qu'on lui abandonne à perpétuité.

Les feuilles et les jeunes pousses du topinambour sont un bon fourrage frais pour le bétail; on peut les couper une ou deux fois sans nuire à la production des tubercules. Ceux-ci ne gèlent pas, et l'on peut, sans risquer de les perdre, les laisser en place et ne les arracher qu'au fur et à mesure des besoins, comme les ratabagas. Lorsqu'on n'utilise pas le feuillage et les jeunes pousses du topinambour et qu'on laisse ses tiges croître librement, elles sont, à l'époque de l'arrachage, assez fortes et assez solides pour qu'on en forme des fagots qui peuvent servir à chauffer le four. Peu de plantes fourragères peuvent rendre plus de services que le topinambour dans les pays où chaque exploitation a dans ses dépendances quelques champs trop peu fertiles pour payer leurs frais de culture: le topinambour, sans autres frais que ceux de première installation, y donne tous les ans de 8 à 12,000 kilogrammes de tubercules par hectare, sans les feuilles et les tiges, qui ont aussi leur valeur.

TABLE DES MATIÈRES.

CHAPITRE Ier.

CHAPITRE II.

Imprimerie de Paul Dupont, ru de Grenelle-Saint-Honoré, 45.

www.ingramcontent.com/pod-product-compliance
Ingram Content Group UK Ltd.
Pitfield, Milton Keynes, MK11 3LW, UK
UKHW021146260726
13994UKWH00001B/320